全新图解版

卡耐基写给年轻人的成功密码

沉零/编著　夏易恩/绘图

中国华侨出版社
·北京·

前 言

跟着卡耐基的脚步走向成功

戴尔·卡耐基这个名字，想必已经众所周知，大家都知道他是一位励志大师，也有很多读者拜读过他的著作。他的每一本书、每一个故事，都包含参透人生的智慧，不但可以为您指点迷津，让您看到人生的真谛，还能引领人们去探求成功、追求成功。

当我们迈进新世纪，就会不由得发现，周围的一切都在快速变化。无论是日新月异的生存环境，还是层出不穷的新奇观点，都改变着我们的生活。

然而"成功"这两个字，对很多人来说，依然有些遥不可及。但是，或许现在成功看上去很遥远，但并不意味着通过努力不能达到。

卡耐基的成功也并非一朝一夕，他在大学毕业后做过推销员和演员等工作，一个偶然的机会，他开始在一所夜校演讲。凭着日积月累的经验，他的演讲越来越受欢迎，从此踏上为之奋斗一生的教育事业。

我们读卡耐基的作品，并不是仅仅为了找一些名言警句，然后当成自己的座右铭摆在书桌上，也不是急功近利地想明天就腰缠万贯。我们要做的其实很简单，那就是跟着成功者的脚步，去寻找成功的经验，最后为我所用。

很多人会问："每一个人的生活环境、性格、人生观都不同，别人的成功模式并不一定适合我啊！"

不错，我们当然不会成为"卡耐基第二"或"比尔·盖茨第二"，我们也无法按照别人的成功模式复制自己的人生；然而我们应该想到，成功者之所以成功，一定有他们的过人之处。

话说回来，卡耐基所做的工作，不就是总结了这些过人之处，然后加以利用吗？可见学习别人的长处，并没有我们想的那么难。

> 借鉴经验，为我所用，才是迈向成功的捷径。

前言

编写本书的目的也在于此，我们试着把"文字理解"变成"图解"的方式，让成功的经验一目了然。下面就让我们跟随成功人士的脚步，去描绘属于自己的成功蓝图吧！

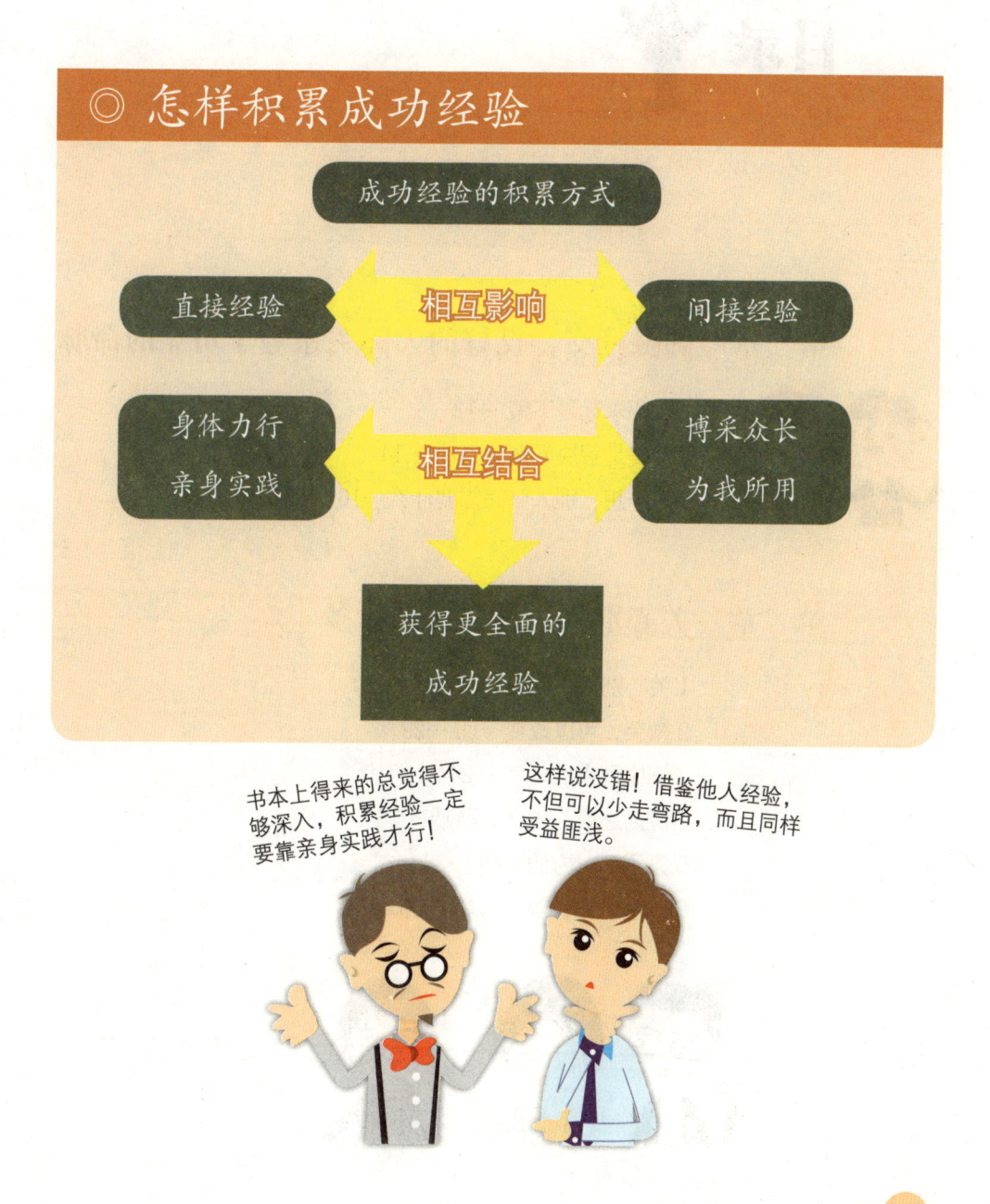

◎ 怎样积累成功经验

成功经验的积累方式

直接经验 ←相互影响→ 间接经验

身体力行 亲身实践 ←相互结合→ 博采众长 为我所用

↓

获得更全面的成功经验

> 书本上得来的总觉得不够深入，积累经验一定要靠亲身实践才行！

> 这样说没错！借鉴他人经验，不但可以少走弯路，而且同样受益匪浅。

目录

第一章　圆融社交，良好的人际关系等于可靠的命脉

1. 批评永远是下策 …12
2. 赞美是解决问题的良药 …14
3. 想一想，别人到底需要什么…16

第二章　关心别人，你会得到更多

1. 关心别人，你会得到更多 …20
2. 微笑，可以改变一切 …22
3. 记住别人的名字 …24
4. 说话之前，先学会聆听 …26
5. 先了解对方的兴趣 …28
6. 尊重对方，赢得一切 …30

目录

第三章 说话之道，让更多人愿意支持你

1. 争辩毫无意义 …34
2. 尊重别人的意见，不要随意指责 …36
3. 承认错误是美德 …38
4. 友善是良好的开端 …40
5. 避免别人说"不" …42
6. 把发言权留给对方 …44
7. "请教"是一种好习惯 …46
8. 多为别人想 …48
9. 同情的好处 …50
10. 让别人变得高尚 …52
11. 让你的观点变得富有创意 …54
12. 给别人一个挑战性的目标 …56
13. 鼓励的力量 …58
14. 激励的好处 …60

第四章 批评别人之前，先批评自己

1. 批评从赞扬开始 …64
2. 让批评成为一门艺术 …66
3. 批评别人之前，先批评自己 …68
4. 别用命令的语气说话 …70
5. 尊重是解决问题的前提 …72
6. 让错误更容易改正 …74

第五章　拥有宇宙般强大的内心能量，战胜忧虑

1.让忧虑永远停留在昨天 …78
2.消除忧虑的公式 …80
3.忧虑会影响人的寿命 …82
4.摆脱忧虑的三个步骤 …84
5.把忧虑赶出你的大脑 …86
6.利用概率，排解忧虑 …88
7.学会适应不可避免的事 …90
8.让忧虑到此为止 …92
9.别为打翻的牛奶哭泣 …94
10.让忧虑彻底消失 …96

第六章　保持朝气与活力，让热忱为效率服务

1.如何保证精神百倍 …100
2.到底是什么让你疲劳 …102
3.怎样消除工作的烦恼 …104
4.保持良好的工作习惯 …106
5.如何防止烦恼产生 …108
6.别为小事烦恼 …110
7.如何远离失眠的困扰 …112

第七章 正面暗示，用积极心态打造美好人生

1. 态度决定生活 …116
2. 不要存报复之心 …118
3. 施恩，但是别图回报 …120
4. 细数幸福的点滴 …122
5. 保持你的本色 …124
6. 化不利为有利 …126
7. 多帮助他人 …128

第八章 自我反省，每天进步一点点

1. 批评是别人对你的重视 …132
2. 避开批评的锋芒 …134
3. 自我反省 …136

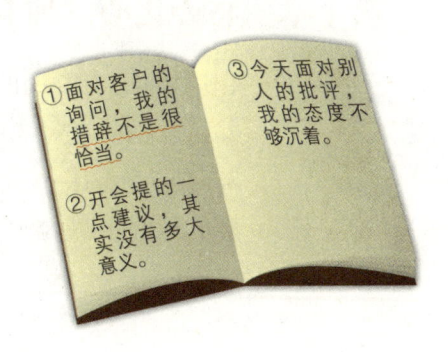

第九章 练好口才，到哪儿都成为受欢迎的人

1. 培养自信心 …140
2. 阐述自己的观点 …142
3. 如何准备演讲稿 …144
4. 让语言充满生命力 …146
5. 让语言贴近听众 …148
6. 当众说话时应用的技巧 …150
7. 在用词上下功夫 …152
8. 保持个性，注重台风 …154
9. 如何增强记忆力 …156

第十章 将心比心，拥有美满的婚姻

1. 切莫喋喋不休 …160
2. 不要试图改变对方 …162
3. 不要随意批评 …164
4. 给予对方真诚的欣赏 …166

目录

5.婚姻也要注意细节 …168
6.对你的另一半彬彬有礼 …170
7.做一个有魅力的妻子 …172
8.帮助丈夫制订和实现目标 …174
9.选择"两个丈夫"中的一个 …176
10.聆听也是一种责任 …178
11.做丈夫忠实的支持者 …180
12.如果丈夫的职业很特殊 …182
13.对丈夫的健康负责 …184
14.做好家庭预算 …186

本章重点

与人相处的三大要诀

1. 不要随意批评、责怪或抱怨
2. 用诚恳的话去赞美别人
3. 了解别人的渴望和需求

第一章 圆融社交，良好的人际关系等于可靠的命脉

1. 批评永远是下策

林肯被誉为美国最伟大的总统之一，然而年轻时的他，可不是一个待人谦和的人。年轻的林肯成为一名律师后，全然不改自己尖酸刻薄的风格，他在批评或是讽刺别人时，不留一点儿情面。这种个性差点儿让林肯的生命提前结束。

有一次，林肯在报纸上发表了一封讽刺信，嘲笑一个名叫西尔滋的爱尔兰人。林肯说西尔滋狂妄自大、性格粗野，而且像野兽一样好斗。很多人看了报纸之后都笑得前仰后合，这让林肯非常得意，因为他嘲讽别人的目的再一次达到了。然而，当西尔滋看到这篇报道时，他异常愤怒，为了捍卫自己的声誉，便找林肯决斗。

林肯觉得后悔，却又无可奈何，他怀着忐忑的心，拿着刀走进了决斗场；幸好在最后一刻，林肯的一位朋友出面阻止，让双方达成了和解。经过这件事，林肯一改往日的待人风格，从此不再随意批评别人。

林肯的改变，仅仅是因为怕死吗？并非如此，因为他从一场"生死之旅"中悟到了一个道理——不到万不得已，不要随意批评别人。有的人会说："批评有什么不可以？做错了事情就是该批评啊！"不过，换个角度想：假如别人不顾你的面子，对你严加指责，你会心甘情愿地接受批评吗？

只责怪别人而不反省自己，是人类的天性；我们看别人的缺点，永远比看自己的缺点要清楚得多。然而，如果完全不顾及别人的尊严，一味地批评，那就是非常愚蠢的做法；因为这样非但不会解决问题，还会引起对方的反感，让事情变得越来越糟。或许，我们的批评是出于善意；或许，我们的言辞是真知灼见，但如果对方产生了抵触情绪，那么就算是金玉良言也没有丝毫的用处。英国文学家詹森也说过："没到世界末日，上帝也不会随便审判人类。"既然指责没有任何好处，那我们为什么还要随意批评别人呢？

如果你想让问题尽快解决、想让别人接受你的建议，那么就赶紧放弃口无遮拦的习惯吧！懂得站在别人的立场思考、懂得运用"批评的艺术"，才是真正的智者。

密码点拨

- 批评别人前，先好好想一想，我的话有可能伤害对方吗？
- 随意的批评，不能解决任何问题。
- 口无遮拦的批评，是让人讨厌你的最好办法。

第一章 圆融社交，良好的人际 关系等于可靠的命脉

批评的艺术 之 批评四大忌

声色俱厉 → 原因 → 看你那副横眉冷对的样子，我怎么可能给你一个笑脸呢？ → 怎么做才对呢 → 和颜悦色，真诚交流，让交谈的气氛更融洽，那么有什么问题不能解决呢？

当众发飙 → 原因 → 当着那么多人出丑，我哪里还有什么心思来考虑你的建议啊！ → 怎么做才对呢 → 不顾别人的面子，只会适得其反。以尊重对方为前提的交谈，才可能取得成效。

全盘否定 → 原因 → 都把我说得一无是处了，我还有什么理由对你和气啊？ → 怎么做才对呢 → 先扬后抑，实为上策。肯定对方的优点，再提出建议，绝对事半功倍。

借题发挥 → 原因 → 从一件事扯到另一件事，到最后开始翻旧账，我就真的让你那么厌恶吗？ → 怎么做才对呢 → 批评应对事不对人，千万不能让批评变为人身攻击，也不要节外生枝，否则只会越描越黑。

这样的批评无济于事

你看看你，猪都比你聪明一点儿！

……

这样的批评卓有成效

你的工作能力很突出，而且也很努力，但如果能再仔细一点儿，那就更好了。

谢谢您的提醒，我一定会加倍仔细！

2.赞美是解决问题的良药

林肯曾在一封信的开头这样写道:"每个人都希望受人恭维。"什么叫恭维呢?也就是赞美。难道每个人都喜欢听好听的话吗?事实正是如此。俗话说"良言一句三冬暖,恶言一句六月寒",如果你想让自己获得好人缘,不妨先学会如何赞美。

石油大亨洛克菲勒,人尽皆知。他有一个合作伙伴叫倍德福,倍德福曾经在南美洲做了一笔生意,但是由于失误,使得这笔生意亏损了100万元。这可不是一笔小数目,如果因为一项决策导致公司巨额亏损,并不是一封检讨就能解决的。倍德福万分沮丧,但他必须面对洛克菲勒,解释自己为什么失败。

倍德福怀着忐忑不安的心情走进办公室时,洛克菲勒并没有摆出生气的姿态,只见他伏在桌子上,用铅笔在一张纸上写字。倍德福不知道洛克菲勒葫芦里卖的是什么药,于是满面疑惑地坐在办公桌前的椅子上。过了片刻,洛克菲勒才平静地说:"走进这里之前,你一定认为我会大发雷霆,不过我没打算责备你,因为我写了这样一张纸条。"

倍德福感到很纳闷,他接过这张纸条,上面的标题是"倍德福为公司所做的贡献",下面列出了倍德福的一大堆优点,以及他为公司所带来的收益。很显然,洛克菲勒的意思是说:虽然你损失了100万,但你为公司所创造的收益远远超过这数目。倍德福看完纸条以后心情异常激动,他怀着感恩的心走出办公室,从此以自己的努力回报洛克菲勒的信任。试想一下,如果洛克菲勒一开始就对倍德福大吼大叫,倍德福能够重振旗鼓吗?由此可见,赞扬的力量常常超出了我们的想象。

我们为什么需要赞扬?是因为我们都渴望成功、渴望得到别人的认可。然而我们都有一个致命的弱点,那就是只在乎自己的感受,而容易忽略别人的渴望。我们喜欢听别人赞美,可有时候却吝啬到不愿意说一个"好"字。请记住一点,只有站在别人的立场去思考,并学会赞美,才可能让问题得到有效的解决,并让你成为一个备受欢迎的人。

密码点拨

- 如果想得到别人的赞扬,那么就要先学会赞扬别人。
- 赞扬一定要发自内心,否则别人无法感受你的真诚。
- 批评前的赞扬,就好比中药里的甘草,能化"苦水"为"良药"。

◎ 如何赞美他人

赞美一定要真诚

阿谀奉承和真心赞美是很容易分辨的，如果说出来的话让人感觉言不由衷，那么可能会适得其反。

赞扬的内容要具体

赞美不能"大而全"，而要落实到具体的事情上，否则别人会觉得这样的赞美很"虚伪"。

赞扬的时间要即时

遇到可以赞扬的事，一定要即时说出来，否则时过境迁，再好听的话也难以发挥作用。

赞扬的时机要把握好

赞美的话要"择机而出"，要讲究"天时地利"，不合时宜的夸赞只会起到相反的作用。

赞扬的语言要得体

赞美切忌弄巧成拙，心里的话在说出口之前应该斟酌一番，否则会让局面变得很尴尬。

3.想一想，别人到底需要什么

美国知名的诗人爱默生可谓才华横溢，他的作品时至今日依然广为流传，并备受人们的推崇。有一天，爱默生准备把一头小牛牵进牛棚里，并叫儿子来帮忙。但这头小牛非常顽固，站在原地一动也不动。爱默生和儿子越是用力，小牛越倔强，坚决不愿意往前挪动半步。就在爱默生父子一筹莫展的时候，家里的女佣走了过来。

"唉！我们真是拿这头小牛没办法。"爱默生气喘吁吁地说。

"是吗？"女佣走到小牛跟前，仔细观察了一会儿，然后伸出自己的手，将拇指伸进小牛的嘴里。

爱默生看到这一幕，不解地问："你在做什么？它可是头倔脾气的牛，搞不好会咬断你的手指！"就在这时，小牛开始蠕动嘴唇，吸吮着女佣的大拇指，而女佣则慢慢地移动双脚，将小牛引进了牛棚。爱默生这才恍然大悟，原来小牛不肯走是因为饿了。

为什么知识渊博的爱默生无法牵动一头牛呢？这正是因为他不知道小牛需要什么。爱默生只考虑自己的目的——把牛牵进牛棚，然而却不知道小牛此时最需要的是食物。女佣并没有喂食小牛，但是却顺利地达成了目标，这正是了解对方需求的结果。

其实每个人都有需求，有的人希望找到一份好工作、有的人希望得到别人的认可、有的人希望自己的事业可以成功；然而我们往往只重视自己的需求，却不把别人的愿望放在心上。如果你想让别人帮你做一件事，那么不妨先了解对方的需求，否则就会像"爱默生牵牛"，事倍功半。

与人相处最重要的原则就是：站在对方的立场想问题。如果一个人和你开玩笑，那就是为了听到你的笑声；如果一个人讲起他的得意往事，那么不外乎想得到你的一句称赞；如果一个人亲手为你做了一道菜，那么一句"很棒！"就能让他的天空绽放灿烂的阳光。只有懂得别人要什么，你才能"如鱼得水"地达成自己的愿望。

密码点拨

- 如果两个人为一件事争得面红耳赤，那么说明他们都不知道对方需要什么。
- 在满足自己的愿望之前，最好先满足别人的愿望。

第一章 圆融社交，良好的人际关系等于可靠的命脉

◎ 我们究竟有哪些需求

自我实现 → 这是最高层次的需求，它是指实现个人理想、抱负，发挥个人的能力到最大程度。

尊重需要 → 每个人都渴望自己拥有一定的社会地位，并得到认可和尊重。

感情需要 → 比生理需求更进一步，涉及人的爱情、友情、教育、信仰等各种层面。

安全需要 → 有了一点儿财产，当然希望得到保护，这是更进一步的生存需求。

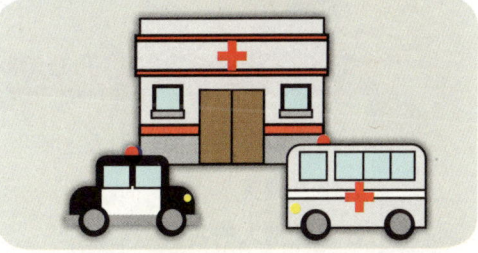

生理需要 → 包括衣、食、住、行等人类最基本的生存条件，属于最低等的需求。

17

本章重点

让你懂得如何关心别人的六点建议

1. 用你的真诚去关心别人
2. 不吝微笑
3. 记住别人的名字
4. 学会聆听
5. 了解别人的兴趣
6. 懂得尊重他人

第二章 关心别人，你会得到更多

1. 关心别人，你会得到更多

大家应该都看过魔术表演，魔术师在台上精彩绝伦的演出让人们大开眼界。美国的赛斯顿是一位很有名的魔术师，在四十多年的时间里，他走遍世界各地，凭借自己高超的表演，赢得无数观众的喜爱，当然也获得丰厚的报酬。

一天，卡耐基先生前去拜访赛斯顿，无意间问起一个问题："你觉得自己成功的秘诀是什么呢？"面对这个问题，赛斯顿笑了笑说："我认为没有什么秘诀。其实市面上有那么多关于魔术的书，买一本回去练习一下，也可以表演。但大家为什么要看我表演呢？是因为我技高一筹吗？并不是这样，据我所知，至少有十个魔术师的水准不比我差。"

听到这个回答，卡耐基有些不能理解，既然谈不上技艺高超，怎么会如此成功呢？

赛斯顿接着说："虽然我不是最好的魔术师，但我却是一个懂得和观众交流的魔术师。有很多魔术师上台以后，从来不把观众放在眼里，他们心想：下面坐的都是傻瓜，我轻而易举就可以骗他们一回！可是当我面对观众的时候，我心里却说：我要感谢所有观众，是他们让我得到幸福生活，所以我要竭尽所能，为他们奉献精彩的表演。"

卡耐基恍然大悟，他终于明白赛斯顿为什么会赢得那么多观众的支持了，这都是因为赛斯顿懂得关心、体谅别人。只有懂得关心别人的人，才能得到尊重和爱戴。说到这里，我们不妨问一问自己：我在做一件事情的时候，有没有为别人考虑过呢？我关心周围的人吗？

心理学家阿德勒在《生活对你应有的意义》中说："对别人漠不关心的人，一生将困难重重，带给别人的损害也最多，所有人类的失败皆因这类人而起。"当然，要不要把失败归咎于这类人，我们暂不下定论，但我们可以肯定地说：一个不懂得关心别人的人，将无法得到别人的尊重，而且会离成功越来越远。

关怀，并不等于日常的寒暄，也并非是生硬的礼仪；它是一种美德，一种可以为你积累人脉、引领你走向成功之路的美德。请记住一句话："关心别人，也就是关心自己。"

密码点拨

- 期望得到回报之前，应该先懂得付出。
- 一个真正关心他人的人，在两个月内交到的朋友，比一个只希望别人关心自己的人，在两年内交到的朋友还要多。
- 真诚的关怀，胜过百句溢美之词。

◎ 你真的懂得关心别人吗？

1.打电话或交谈时，你说的最多的是"我"还是"你"呢？

我今天想去商场……
我想看电影……
我要去按摩……

……（表情无奈，心想：没有一件是我想做的。）

如果你想让自己更受欢迎，那么不妨试着少说一些"我"；这样一来，你就会发现，自己在不知不觉中为别人着想。

2.和别人发生争执时，你能检讨自己的不足吗？

这件事明明就是你不对，怎么就不承认呢？（怒气冲冲的样子）

天哪！怎么可以把话反过来说？到底是谁的错啊？（火冒三丈的样子）

想一想，你有主动跟别人道歉过吗？如果没有的话，那么你的朋友只会纷纷离你而去，因为你的心里只装得下自己。

3.遇到不顺心的事，你会无缘无故地对别人发脾气吗？

今天天气真不错，我们出去走走好吗？（面带和气）

我很累，哪里都不想去！（不理不睬，满脸不高兴）

如果你喜欢用不经意的话去伤害关心你的人，那么就别指望当自己受到伤害时，还有人会不离不弃地陪着你。

4.当亲友遇到不顺心的事，你有耐心当一个好听众吗？

唉！最近真是诸事不顺，喝凉水都噎到……（表情沮丧）

……是吗？（心想：又来了！赶快想办法开溜。）

如果你想在自己有一肚子苦水的时候，可以找个人倾诉，那么就应该在别人找你谈心时，回以同样的热情和耐心。

5.你是喜欢关心别人的收入还是关心别人的健康？

好久不见，你最近薪水涨了没有啊？

哈哈，怎么可能涨啊！（心想：开口闭口就是薪水，我比你差你就高兴吗？）

或许你是言者无心，但听者未必无意。什么人对你最好？——当别人关心你飞得高不高时，他只关心你飞得累不累。

2.微笑，可以改变一切

我们的祖先留下过这样一句至理名言："不笑莫开店"，这是什么意思呢？就是说如果你的脸上没有笑容，那么千万不要做生意。真是这样吗？难道微笑真的那么重要吗？

美国有一个叫做贝格的棒球手，打了很多年球，虽然也曾有过很好的成绩，但最后由于年龄的原因退休了。我们都知道很多运动员的职业生涯其实并不长，因为一上了年纪，体力就会下降，无法再像以前那般生龙活虎。贝格退休之后，决定再找一份工作，但是做什么好呢？因为除了打棒球，他好像没有什么过人之处；最后，他选择做保险。保险行业的竞争异常激烈，想要站稳脚跟都很困难。因此，没有一个人看好贝格的选择，都认为他不可能成功；然而很多年后，贝格成为一个成功的保险业务员。

许多人都向贝格请教，他们认为贝格一定有什么成功秘诀；然而贝格却说："我没有什么诀窍，如果非要让我总结的话，我认为我做到了一件容易被人忽略的事情，那就是无论何时都保持微笑。一开始做保险，肯定是困难重重，有很多人把我当成骗子，有的人根本就不听我说话。当然，这些情况是任何做保险的人都会遇到的，但我有一个习惯，那就是始终保持微笑，无论对方说什么，我从来都不会板着脸，也不会生气。渐渐地，我的客户越来越多……"除了在工作时微笑，贝格还会对家人微笑，对公司的同事微笑。

当然，我们不能说贝格的成功全是微笑的功劳，但可以肯定，微笑为他的幸福人生和事业铺平了道路。如果说"眼睛是心灵的窗户"，那么微笑则可以帮助你打开这扇窗。一个发自内心的微笑，不仅可以"泯恩仇"，而且还能让两个萍水相逢的人消除戒心、坦诚交流。科学证明，只需微微一笑，一种化学物质就会流遍你的全身，为你带来愉悦的心情。当然，我们还发现，这种心情还可以随着你的微笑传递给其他人。所谓人脉，不就是让自己变得平易近人吗？如果你成天板着脸，那么还有谁愿意和你推心置腹地交谈呢？

密码点拨

- 不开心的时候微微一笑，你会发现烦恼都离你而去。
- 微笑其实很简单，只需嘴角往上翘即可。
- 微笑这种无本万利的事，我们为什么不愿意做呢？

◎ 我们为什么需要微笑？

这是一个非常知名的广告，叫做"圣诞节的微笑"。短短几句话告诉我们：微笑，其实我们离不开你。

微笑不需要花费一分钱，却能让你有很多收获。
微笑能让人心情愉悦，能让人忘记烦恼。
富有的人，都离不开微笑；而贫穷的人，也会因为微笑而获得财富。
微笑能让家庭充满快乐，能为朋友带来安慰。
微笑能让失望的人看到光明，能让悲哀的人迎来希望。

假如你不习惯微笑

和每个遇见的人打招呼。你会发现，当别人回敬你的时候，想不笑都难。

早上好！　你好！　早安！大家好！

回忆自己的"黄金时代"都找到自信了，还有什么能让你开心不起来呢？

（傻笑，心想：我当年可是很英俊啊！）
（心想，笑成这样？该不是捡到钱了吧？）

学会帮助别人。如果帮助别人，那么别人的快乐，自然而然就成了你的快乐。

感谢你的帮忙！　千万别客气

微笑是无法用金钱购买的，也无法去借，更不可能去偷。只有当你发自内心地感到高兴时，微笑才会出现在你的脸上，让你幸福，也让别人快乐。

多晒晒太阳。太阳代表温暖，温暖传递温馨，想要微笑，就立即逃离阴暗的角落吧！

啊！阳光灿烂！比待在家里强多了！

听音乐、看喜剧。娱乐绝对是让你高兴的不二法门，如果感到太累，不妨放松一下。

（笑容灿烂，心想：昨天的电影太搞笑了）
……（他该不会得什么病了吧？）

大声说"茄子"。当然，如果你的脸实在很僵硬，那么就喊一声"茄子"吧！

3.记住别人的名字

美国有位名叫吉姆的人,单论学历,他算是个文盲,因为他连初中都没有上过;然而这个文盲却有四所大学颁发的荣誉学位,还当选过民主党主席和美国的邮政总长。

有一次,卡耐基先生前去拜访吉姆,谈话间无意问道:"恕我冒昧,我听说您的学历其实不高,那么您是靠什么办法取得成功的呢?"吉姆只回了他一句话:"埋头苦干。"

显然这个答案并不能让卡耐基感到满意,所以卡耐基继续追问:"吉姆先生,埋头苦干的人那么多,但未必都像您这样成功啊!"

吉姆问道:"那你觉得我为什么会成功呢?"

"如果我了解的信息没错的话,您能叫出一万个人的名字。"很显然,卡耐基是有备而来。

"不!你错了,"吉姆大声说道,"不只一万个,我大约可以叫出五万个人的名字。"

记住五万个人的名字!这怎么可能?原来吉姆曾在一家公司做推销员,他养成了一个习惯,那就是每遇到一位客户,就问清楚对方的名字,然后牢记在心。有一次,一位很久以前的顾客再次光临,结果吉姆脱口而出,叫出了顾客的名字。试想一下,如果你和一个仅有一面之缘的人再次相遇,而对方可以叫出你的名字,那是一种什么样的心情呢?是不是在惊讶之余还有点儿高兴呢?因为对方能记住你的名字,说明你受到重视,并在别人心中留下了良好印象。吉姆就是靠着这样的好记性,让自己的业绩蒸蒸日上。

记住别人的名字,就是对别人最好的恭维。然而我们总是习惯给自己找借口,比如"我的记性不好""我那么忙,哪里有时间记名字啊?"也许,就在这些借口脱口而出时,你已经失去了一个良师益友或者一个难得的机会。其实,记住别人的名字,并没有想象中的那么难,你只要花上生命中一点儿微不足道的时间,就可以为自己创造更广阔的人脉和机遇。和艰辛的创业之路比起来,这简直可以说"不费吹灰之力"。既然如此,那我们还在犹豫什么呢?

密码点拨

- 每记住一个名字,你的成功之路就多了一块基石。
- 人的名字不仅仅是一个代号,同时也是身份、地位和荣誉的集合。
- 当别人记不住自己的名字时,你可以再说一遍,但千万别生气。

◎ 牢记别人姓名五部曲

确认姓名的写法

如果弄清楚每一个字怎么写，那就会在无意中加深印象，也不容易遗忘。

谈话时以别人为中心

我们往往会为了给对方留下良好印象而滔滔不绝，但到最后却会忘记别人的名字。转移谈话的重心，自然也是重复对方姓名的好机会。

对号入座

将名字与对方的相貌结合起来，找到明显的面貌特征，这样就会加深记忆。

发挥想象力

当你觉得对方的名字有点儿难记时，可以采用联想法，比如用谐音来记忆。

好记性不如烂笔头

当然，最保险的办法，就是谈话结束后在小本子上记下别人的名字。时常温习，自然牢记于心。

4.说话之前，先学会聆听

美国有一家电信公司，最近总是接到一位老先生打来的投诉电话，照理说，客服部完全可以应付这种事，然而客服部经理却无奈地说："不是我们没有耐心，而是他完全不和我们讲道理。你说东，他非要说西，真是有点儿无理取闹啊！"遇到这样的人该怎么办呢？很多人可能会说："管那么多干什么？不理他，他自然就没脾气了。"但假如公司对客户的意见置之不理，那显然是不负责任的。电信公司打算派一位调解员到老先生家里去看看，然而大家觉得这是一个苦差事，都不愿意去，最后一个经验丰富的调解员主动请缨，亲自登门造访。

没过多久，公司就再也没有接到老先生的投诉电话了。公司的同事感到非常惊奇，于是问这位调解员："你真是有本事哦！居然可以搞定这么难缠的人，你到底对他说了些什么呢？"

调解员笑了笑说："哈哈，其实我几乎没怎么说话。"

听到这话，同事大吃一惊，立刻反问道："你开玩笑的吧？"

"其实根本就没有你想的那么难。"调解员说，"我到老先生家里之后，一句话也没说，而是听他足足说了三个小时。我发现他家的电话一点儿问题都没有，有问题的是他的生活。他一个人住，非常孤独，所以只是想找个人倾诉心中的不满。等他说完话之后，我随便安慰了他几句，问题就解决了。"

试想一下，如果这位调解员一开始就和老先生争辩，那么事情会如此顺利地解决吗？聆听，往往比雄辩更有用。然而我们有时却按捺不住激动的心情，还没等别人说完就开始发表意见，结果通常断章取义，最终闹得不欢而散。把对方想说的话听完，既是对别人的尊重，也是一种沟通技巧。即便说话的人有千般怒气，但只要看到你真诚倾听的模样，还有什么理由大发雷霆呢？而且，等对方说完话再发表意见，不是更有利我们整理思维和组织语言吗？所以，在做一个优秀的谈话者之前，应该先做一个称职的聆听者。

密码点拨

- 随便插嘴是没有教养的表现。
- 即使对方无理取闹，也不要急着辩驳，因为这样只会让事情越来越糟。
- 在聆听别人说话时，"沉默"绝对是"金"。

◎ 你是个优秀的聆听者吗？

这样做你将得不偿失

喜欢打断对方讲话，以便讲自己的故事或者提出意见。

说话时，没有注视对方的眼睛。

不断地催促对方快点讲完。

把注意力转移到其他事情上，比如看窗外或做其他事情。

时常忘记对方所讲的内容。

这样做你会受益匪浅

- 注视对方，四目相接，不要东张西望。
- 倾听对方讲话时，身子稍稍前倾。 
- 保持自然的微笑，表情随对方谈话内容而变化，并适当地点头。 
- 不要中途打断对方。 
- 提出问题的时机要恰当，配合对方的语气表述自己的意见。

  ……这就是我这次来的目的。　好的，谢谢你，我刚好有一个问题，那就是……

- 多用"您"，少用"你"。

  我对这种产品不是很满意。　是吗？那您觉得哪些地方不好呢？

5. 先了解对方的兴趣

美国纽约有家食品公司的经理，名叫杜凡诺，长期以来，他一直在做产品推广，期望把面包卖给一家大旅馆。然而整整四年过去，杜凡诺几乎每星期都去找那家旅馆的经理，得到的回答却都是："不好意思，我不需要你的面包。"

杜凡诺并没有气馁，为了实现自己的目标，他甚至还在旅馆租了一个房间，找机会和经理交流；然而这个努力也不见成效，那位经理开始讨厌杜凡诺，对他敬而远之。后来，一位旅馆的职员告诉杜凡诺："你就别再枉费心机了，经理非常固执，我劝你还是趁早打道回府吧！"

就在杜凡诺感到绝望的时候，他忽然得到一个信息：这位经理是美国旅馆协会的主席。杜凡诺立马去拜访经理，他开门见山地问："我听说您是旅馆协会的主席，所以能否耽搁您一点儿时间，为我介绍一下协会的情况呢？"

经理一听，刚才还板着的脸立刻浮现了笑容，兴致勃勃地为他介绍旅馆协会的情况，还说："如果你有兴趣，我可以介绍你加入协会。"最后，交谈就在愉快的气氛中结束了。

几天后，杜凡诺接到旅馆的电话，经理决定试试他的面包。当杜凡诺高兴地把面包送到旅馆后，旅馆的职员用惊讶的口气对他说："天啊！真不敢相信你居然办到了！虽然我不知道你用的是什么方法，但你一定让经理感到高兴了！"

我们回想一下，为什么杜凡诺花了四年时间都没有办成的事，却因为一次交谈就解决了呢？这正是由于他懂得交谈的秘诀——找出对方感兴趣的事。

俗话说："酒逢知己千杯少，话不投机半句多"，如果你遇到谈得来的人，就会口若悬河，不停地和对方交流；如果你认为对方谈论的话题很无聊，不想听下去，就会失去交谈的兴趣。因此我们要记住一个关于谈话的秘诀，那就是找到对方的兴趣，然后作为突破口。

"投其所好"是一种技巧，如果懂得运用这种技巧，那么在与别人的交流中就更容易赢得别人的好感，从而达成自己的目标。

密码点拨

- 每个人都有兴趣，关键在于怎么去发现。
- 谈论别人感兴趣的话题，可以让尴尬的气氛立刻变得活跃。
- 想了解别人的兴趣，就要大胆地提问。

第二章 关心别人，你会得到更多

◎ 如果你是一个懂得寻找共同话题的人，那么……

一定知道怎样尊重

互相尊重是愉快交流的前提。

刘先生，请问您是做什么工作的？

我是开出租车的。

真是不错，那我以后想坐车可以找您吗？

一定知道怎样聆听

不仔细聆听，就无法了解对方的想法。

我之前做过很多工作！卖过保险，还代理过影印机，不过我做得最久的还是服装销售……

（面带微笑，认真聆听。）

一定知道怎样察言观色

观察对方的衣着、打扮，是寻找话题的好办法。

您这顶帽子好特别，是在哪里买的啊？

这个嘛……便宜货啦！不过我特别喜欢呢！

一定知道怎样开玩笑

很多技能是可以通过锻炼提高的，幽默也不例外。

我终于知道演艺界不景气的原因了，那就是因为少了您啊。

呵呵，您说笑了。

一定知道怎样请教别人

"请教"的另外一个意思，就是"尊重"。

看来在这方面您是专家了，我有两个问题，可以请教一下吗？

没问题，请讲！

交谈时的两大忌讳
◆ 切忌与别人发生争论　　◆ 切忌说教式长篇大论

29

6.尊重对方，赢得一切

当你和别人交谈，最后却不欢而散时，有没有想过到底是为什么？

有位名叫杰克的人准备去拜访姑妈，但他印象中，别的亲戚都说姑妈待人非常刻薄，姑妈和亲戚们的关系也很不好。

杰克一见到姑妈，首先赞扬了她的房子："姑妈，这栋房子真漂亮，可惜现在的人都不懂怎么装饰自己的家。"

姑妈的脸上刚才还乌云密布，听到这句话之后，非常激动地说："是啊！现在的年轻人哪里懂得怎么布置家呢？他们只要一间公寓、一台冰箱和一辆车，根本不明白什么叫生活。"

杰克发现姑妈有了兴趣，然后继续问："这房子是什么时候建造的？"姑妈顿时变得伤感，一边回忆过去的时光，一边说着房子的历史。随后，姑妈耐心地为他介绍家里的各种珍藏品，包括她车库里的一辆新车。

杰克看着那辆崭新的汽车，不禁赞叹："哇！这辆车真是太漂亮了！"姑妈说："这部车是我丈夫去世前不久买的，既然你很欣赏它，那么就送给你吧！"

杰克慌张地说："这怎么行？谢谢您，不过我已经有车了，您可以把车送给其他亲戚。"

"亲戚！"姑妈这时突然提高了嗓门儿，"他们不配拥有这辆车！"

为什么杰克会得到其他亲戚无法得到的东西呢？为什么他可以和这位"待人刻薄"的姑妈融洽相处呢？其实都归功于他的沟通技巧。

姑妈或许有刻薄的一面，但并不意味她很无情，所以杰克赞扬姑妈的房子，给予她应有的尊重。在接下来的谈话中，随时都考虑姑妈的立场，没有过度发表自己的意见，大多数时候，他都是一个耐心的聆听者；因为他知道姑妈比较孤独，所缺少的正是一个可以聊天的人。

姑妈终于遇到了可倾诉的对象，又怎么会吝惜一辆汽车呢？这又印证了一个真理：世上没有难相处的人，只有你不想相处的人。杰克和那些亲戚的区别其实很简单，那就是他懂得如何尊重姑妈。

密码点拨

· 没有人愿意和不尊重自己的人打交道。

· 让别人喜欢你，不需要光说好听的话，真诚才是最重要的。

· 如果你不想让人轻视自己，那么首先就别轻视别人。

◎ 怎样才算尊重别人呢？

面带微笑
微笑是亲近别人最好的武器。

应该这样做
- 您好！第一次和您见面，请多指教。（面带微笑。）
- 不客气！（心想：这个人还真随和，应该很好相处。）

不该这样做
- 你好，见到你很高兴。（面无表情）
- 你好……（心想：表情那么恐怖，会不会很难相处啊？）

注意措辞
多用敬语，就会拉近距离。

应该这样做
- 真是不好意思，给您添麻烦了，还请您多关照啊！
- 别客气！（心想：这个人真有礼貌！）

不该这样做
- 我要出去，让一下！
- 你好……（心想：连个"请"字都不会说吗？真是的！）

适时赞美
赞美是尊重的另一种表现形式。

应该这样做
- 和你聊天很愉快，没想到您如此健谈！
- 和你说话也很开心！（心想：想不到还有人夸我健谈！）

不该这样做
- 原来是这样，我知道了。
- ……（心想：这可是我最得意的经历，他却一点儿反应都没有……）

勿随意批评
当面指责，足以毁掉一切。

应该这样做
- 其实，我当时就是这样想的。
- 是吗？很有道理。（心想：虽然我不赞同，说出来可能会伤了和气。）

不该这样做
- 其实，我当时就是这样想的。
- 不对！你这样的想法，我一点儿也不赞同。

我们应该尊重谁？

我觉得应该尊重和自己亲近的人，比如朋友、同事和家人等。

不止是这样，第一次见面的人就不值得尊重吗？我们应该尊重所有的人，否则你会发现自己的人脉越来越少。

本章重点

如何游刃有余地与人相处

1. 不要随意争辩
2. 尊重别人的意见
3. 勇于承认错误
4. 待人友善
5. 避免别人说"不"
6. 把发言权留给对方
7. 学会"请教"
8. 多为别人着想
9. 善用同情
10. 让别人变得高尚
11. 让你的观点变得富有创意
12. 给别人一个挑战性的目标
13. 懂得如何鼓励
14. 学会给别人戴"高尚的帽子"

第三章 说话之道，让更多人愿意支持你

1.争辩毫无意义

一天,卡耐基先生出席了一个宴会,一位名人正在台上演讲。他在演讲时引用了一句话,并说这句话出自《圣经》。卡耐基知道他说错了,立刻站起来说:"对不起!据我所知,那句话不是出自《圣经》,而是莎士比亚的著作。"

演讲的人立刻反驳:"不可能!这句话出自《圣经》。"

卡耐基认为他在强词夺理,为了说服演讲者,卡耐基请老朋友贾蒙先生出面仲裁,因为他是莎士比亚作品的专家。然而,贾蒙先生的回答,却让卡耐基大感意外:"不好意思,卡耐基,是你错了,那句话的确是出自《圣经》。"

卡耐基百思不得其解,为什么贾蒙会歪曲事实呢?宴会结束后,卡耐基问贾蒙说:"你明明知道那句话出自莎士比亚的作品,但为什么偏偏说我不对呢?"

贾蒙回答说:"你说的没错,这句话出自莎士比亚的作品《哈姆雷特》。可是亲爱的朋友,你忘了一点,我们是以客人的身份出席宴会,你为什么非要抓住一个小问题不放,而让别人难堪呢?"

卡耐基这才意识到自己的行为有多鲁莽,虽然他是正确的,但却让整个宴会的气氛受到影响,甚至搞得大家不欢而散。这样做有意义吗?如果要证明自己是正确的,那么可以在宴会结束后找到演讲的人,和颜悦色地告诉他。如果你让别人难堪,那么别人也一定不会给你留面子。

林肯说过:"一个想要成大事的人,不能处处计较,浪费时间去和别人争论。毫无意义的争论,不但无法解决问题,而且会让你失去自制力。有时候谦让一点儿,绝对没有坏处。"这句话其实概括了一个原则:尽量不要在谈话时跟别人争论。每个人都有好胜心,特别当我们觉得自己正确的时候,通常都忍不住向别人证明这一点。当然,证明自己正确没什么不对,但你可能会失去两样东西:一个是继续和别人讨论的可能性;另一个就是让自己的人脉渐渐枯萎。一个真正懂得沟通的人,绝不会轻易与别人争论,即便他不赞成对方,也会以高明的手段提出来。正所谓"己所不欲,勿施于人",既然我们都希望别人赞同自己,那为什么还要随意反驳呢?

密码点拨

- 不要强迫别人接受自己的观点。
- 与其和别人争吵,不如平心静气地讨论。
- 避免争辩,其实也就是避免和别人发生冲突。

◎ 避免争辩四部曲

不要急于发表意见
当你想针对一个问题发表意见时,千万不要脱口而出,前提是必须让对方先说完,否则争论有可能演变为吵架。

冷静思考
请记住"覆水难收"!有的话说出去就不可能收回。所以在开口前,一定要仔细想一想该不该说,有没有可能伤害到对方。

控制情绪
情绪不是不可以控制,而是有时候一冲动就很难控制。当你想要发脾气的时候,不妨深呼吸,然后转移一下注意力,也许就会避免一场口角。

退一步海阔天空
妥协并非就是丢脸的事,如果你总想着什么都要赢,那么结果往往事与愿违。如果你不想事后才来后悔,那么就告诉自己"退一步海阔天空"。

◎为什么争辩没有输赢?

想要说服对方,其实是不切实际的想法,特别是当双方各执己见,谁都不想妥协的时候。

> 我都告诉你了,这件事应该这样做!

> 我自己知道该怎么做,不用你来提醒,你的做法就一定对吗?

如果争论的结果注定是两败俱伤,那么最好的办法就是别让争论开始。

> 你这个人真固执,怎么就不听别人的意见呢?

> 我从来没见过像你这样霸道的人!

很多人在争辩时,都希望有第三人能证明自己是对的,但结果往往是徒劳无功。

> 来,你来评评理,到底是谁说的对?

> ……

> 你说说看啊!

2.尊重别人的意见，不要随意指责

有一次，卡耐基先生想装饰家里，于是请室内设计师帮他选了一套窗帘，然而收到账单时，卡耐基吓了一大跳，心想：怎么这样贵？这套窗帘其实也不错，不过花这么一大笔钱有些不划算。虽然是这样，但卡耐基并没有放在心上。

几天后，一个朋友来家里做客，看见这套窗帘，他随口问道："这套窗帘看上去还真不错，多少钱买的啊？"

当卡耐基说出价格时，这个客人顿时瞪大了双眼说："我的天呀！怎么会那么贵？花那么多钱买一套窗帘，太不值得了！你为什么会这样做呢？该不是被别人骗了吧？"

听到这话，卡耐基觉得很尴尬，因为朋友觉得他当初的判断是错误的，而且根本就不该买这套窗帘。尽管朋友说的一点儿也没错，但卡耐基却觉得很难接受，于是忍不住为自己辩解道："其实一分钱一分货，我觉得还挺值得的！"

过了些时候，另外一位朋友来访，也看到了这套窗帘，于是情不自禁地说："这个窗帘真不错，颜色和样式都是一流的，和家里的气氛也很搭配。你真会选啊！我也很想有一套像这样的窗帘。"

听到这番话，卡耐基很高兴，他主动对朋友坦诚地说："虽然样式是不错，但说实话，我觉得有点儿贵，有点儿后悔。"

我们来分析一下。卡耐基的这个回答，不正是第一个朋友想听到的吗？但为什么卡耐基没有说呢？而第二个朋友根本就没有提价钱的事情，但卡耐基为什么主动说出了自己真实的想法呢？这就是"指责"与"尊重"的区别，第一个朋友只懂得去指责别人，所以当然没有人喜欢听他的话；而第二个朋友却带着尊重别人的态度与人沟通，所以别人当然愿意坦诚以待。

我们都有一个共同的弱点：喜欢听赞扬，不喜欢别人指责。说是弱点也好，共同点也罢，总之我们都无法脱离这个法则和别人打交道。这个世界上一定有可以接受"逆耳忠言"之人，但你不可能要求每个人都接受直言不讳的指责。如果想和别人融洽相处，就赶快放下口无遮拦的做法。只要换一个角度思考，就不难发现：我们不也讨厌那些对自己横加指责的人吗？请记住一个原则：尊重别人的意见，切勿随意指责。

密码点拨

- 如果指责一点儿用处都没有，那我们还要它做什么呢？
- 如果你想让事情尽快解决，就少说"你错了"之类的话。
- 指责所改变的不仅仅是对方的态度，而且很有可能是整件事情的结果。

◎ 为什么不能随意指责别人

一句不经意的话，也可能造成伤害

很多时候，我们都没有意识到自己说了不该说的话，但一句话的作用却超乎我们的想象。一句恶言，足以伤害别人的自尊。反过来想，你愿和瞧不起自己的人打交道吗？

我说过多少遍了，你的记性怎么那么差？

……（心想：我记性就是差，怎么啦？）

怨气就是这样累积的

什么叫积怨，那就是平时一点一滴累积起来的。或许一两次口无遮拦没什么，但只要时间一长就总会爆发。因此想一想再开口，绝对没有坏处。

你怎么又犯这种错误啊？

什么叫"又"啊？我经常犯错吗？

并不是所有人都心胸宽广，包括你自己

心胸宽广有时候只是表象，你很难猜透别人会不会在意自己的批评。所以假如我们没有足够的心胸去包容一切，那么也就不能强求别人接受自己的指责。

错误可以指正，但绝不能当着别人的面说

如果你指责别人时有第三人在场，那么这就是一个天大的错误。很有可能，你已经为自己埋下了被别人记恨的祸根，所以即便有理，也别当众指责。

你看看人家小李是怎么做的！

……（心想：那你叫他做啊，叫我干吗啊！）

没有人愿意和口无遮拦的人打交道

通常我们都不喜欢和口无遮拦的人相处，因为我们知道他们在说话时完全不会顾及别人的感受。既然如此，我们也就没必要把自己变得口无遮拦。

你的头发怎么那么乱？哇，连衣服上都有洞了。

……（我爱怎么打扮就怎么打扮，关你什么事啊？）

3.承认错误是美德

华伦是一位商业美术家，他的工作就是为客户提供商业画作。有一个客户非常挑剔，哪怕是画作当中有一点点的瑕疵，他也会板着脸要求修改，有时候他还会拒绝支付报酬。

有一次，华伦又替这位客户画了一幅画，由于时间不是很充裕，所以画面上出现一点小问题，这当然逃不过客户的眼睛，他立刻打电话给华伦问："这样的东西也可以交给我吗？"

接到电话后，华伦立刻赶到客户那里。其实，他心里非常委屈，因为这点儿小问题是完全可以补救的，但客户却大惊小怪地发脾气。然而华伦转念一想：我如果和他争论的话，也许情况会越来越糟。因此他对客户说："这的确是我的错，非常抱歉，希望我没有给您带来什么损失。"

客户听到这话，突然愣了一下，语调变得异常平和："这……虽然是有点儿瑕疵，但也没有给我带来什么损失……"

华伦说："不管是什么问题，一定会影响整体效果。您总是照顾我的生意，我却辜负了您的期望。这幅画我会带回去，今天再重新画一次。"

哪知道客户听了这番话却说："不……其实也不用那么麻烦。我觉得你一直都很不错，这次也只是犯了一个小小的错误，你不要太放在心上，稍微修改一下就可以了……"

华伦之所以能够化解危机，就是靠两个字——真诚。如果他用所谓的三寸不烂之舌和客户争辩，结果可想而知。虽然画作的瑕疵可以弥补，但客户本来就是一个要求苛刻的人，争辩对于他来说无异于一种挑衅。华伦用勇于承认错误的真诚平息了客户的怒火，而且还让他深受感动。

我们都有一个毛病，那就是为自己的错误辩护，不肯认错。有时候，我们会觉得"认错"是一件丢脸的事，因为这等于承认自己错了，等于承认自己无能。如果按照这样的逻辑，想要证明一个人有能力，那么就要保证一辈子不犯错。然而有句老话叫"人非圣贤，孰能无过"，所以这个逻辑是不成立的。既然我们不能保证不犯错，那就别在意那一点点面子。只要放下面子，你就会发现，自己得到的东西会越来越多。

密码点拨

- 承认错误从来都不是什么可耻的事。
- 只有愚蠢的人才会为自己的错误辩护，因为他们根本就不想把事情处理好。

第三章 说话之道，让更多人愿意支持你

为什么要承认错误？

不认错并不能留住面子
认为辩护可以挽回面子是非常不明智的，因为从犯错那一刻起，就没什么面子可言。

不认错会导致事情变糟
你的据理力争，只会换来对方的针锋相对，而且很有可能得不偿失，导致事态变得更糟。

不认错会留下不负责的印象
或许你会认为拒绝认错可以挽回面子，但这样做的结果，往往是你不再被别人信任。

认错是解决矛盾的开始
没有什么矛盾可以通过争执而得到解决，特别是当你犯了错误，那就更应该主动承认。

怎样承认错误？

从他人的角度考虑问题
如果想一想对方的立场，或许你的观点就会发生变化。换位思考，是认错的前提。

真诚是关键
认错一定要真诚。如果别人无法感受到你的诚意，那么就算是滔滔不绝，也没有半儿点作用。

勇于承担责任
认错并不可耻，只有勇于承担责任，并尽力挽回犯错导致的损失，才是顺利解决问题的正确途径。

把别人的批评当作褒奖和鼓励
如果因为犯错而受到批评，那么请感谢批评你的人，并以此作为自己前进的动力。

认错，其实没什么大不了。

让我认错，不是不想啊！只是有时候觉得很难开口嘛！

但是你有没有发现，认错之后其实心情很舒坦呢？

4.友善是良好的开端

林肯曾说:"一滴蜂蜜,比一滴胆汁能够捉到更多苍蝇。"对他人友善的人,才可能获得更多的人脉。

有位工程师名叫司托伯,他嫌自己的房租太高,希望房东降一点儿,其他邻居都劝他别想了,因为房东是个很固执的人。

司托伯还是去找了房东,先是热情地打招呼,然后说:"我现在的租约即将到期,有可能会搬走;但其实我一点儿也不想走,因为您的公寓住起来很舒服。"

房东听到这样的话脸上露出了笑容,说:"谢谢,不过既然你觉得不错,那为什么要搬走呢?"

司托伯叹了口气说:"不瞒您说,因为租金稍微高了点儿,我有点儿负担不起。不然住在这样的公寓里,有谁想搬走呢?"

房东说:"要是人人都像你这样想就对了,你不知道有的房客很不讲理,不停地抱怨我!有的话简直就是在侮辱我,还有人威胁我,说除非楼上的人不打呼噜,否则拒绝付房租……"

房东发完牢骚以后,对司托伯说:"有你这样的房客,我觉得非常幸运,我希望你继续住,降低一些租金也无妨。"

这话让司托伯感到非常意外,但他还是礼貌地说:"真是太感谢您了!"

临走时,房东又问道:"对了,你的房间里还有没有需要装修的地方呢?"

没想到,司托伯的这一番话,竟然让房东主动减免了租金。他到底使用什么样的秘诀呢?其实正是林肯所说的"蜂蜜";当我们用"蜂蜜"一样的语言和别人说话时,哪怕是最讨厌你的人,也可能会改变态度。

我们的传统都讲究"以和为贵",也就是说大家和和气气地相处,有什么问题不能解决呢?可是我们与人打交道的时候,却往往会忽略"友善"和"和气"的重要性。一旦我们对别人有了成见,通常就很难控制说话的态度,以至于让矛盾加深。试想一下,假如别人对你大发雷霆,那么他说的意见你会接受吗?我想只要心里有了反抗情绪,再有道理的话恐怕也只能成为耳边风。因此我们一定要记住一个原则:要想让一切顺利,那就从待人友善开始。

密码点拨

· 没有人愿意和火药桶打交道。

· 除非到了你忍耐的极限,否则别轻易对别人发火。

· 友善的态度,可以留给别人很好的印象。

待人友善的五个关键字

礼貌

能和你交谈，真是荣幸，说得不好，还望多多指教！

哪里哪里，互相学习嘛！（心想：这个人不仅懂礼貌，而且也很谦虚，不错！）

寒暄和使用敬语并不是虚晃一招，而是交流的关键。礼貌不仅可以给人留下良好印象，还能拉近彼此的距离。

谦逊

这次提案作的真是不错！

哪里，哪里！谢谢夸奖。

没有谁喜欢和说话没分寸的人打交道，也没有人会拒绝谦虚的人。你的谦和，会换来别人的敬重和诚挚。

真诚

我觉得你的水准很高啊！总经理在你面前都不值得一提！

你过奖了吧？（表情尴尬，心想：他该不是在讽刺我吧？）

与人友善并不等同于"奉承"和"拍马屁"。友善的前提是真诚，如果你的"蜂蜜"太甜，别人也会感到腻的。

耐心

您刚才说的真是精彩，我都听得入神了。

是吗？那就太好了。（心想：他一直都没有插嘴，真是有修养！）

懂得倾听别人说话，是尊重对方的表现。如果你想让自己显得更友善，那么就要有足够的耐心去聆听，千万不能随意插话。

得体

看您这个打扮真是有个性，让我想起隔壁的那个很少换衣服的大婶。

……（心想：话中带刺，我还是不和他说了）

说话得体是愉快交流的基本要求，如果你的话总是让别人感到不舒服，那么结果就只能是不欢而散，更谈不上让别人接受你的意见了。

5.避免别人说"不"

与人沟通，有时是一件很痛苦的事，特别是当你想要说服对方，让对方接受你的建议，那更是难上加难。

古希腊哲学家苏格拉底，被称为"有史以来最具影响力的人"，因为他改变了人们说话的思维。苏格拉底有一套很有名的辩论法，他在和别人争辩时，从来不和别人争吵，也不发脾气。他心平气和地与别人交谈，而对方总是不停地说"是的，是的"。很多人发现，自己几分钟以前还在反对苏格拉底的观点，但最后竟然不知不觉地同意了他的看法，这究竟是怎么回事？让我们来看看"苏格拉底辩论法"在现实生活中的例子。

一天，卡耐基先生接待一位客户。这位客户虽然愿意支付一笔钱，但是却不想填写任何单据；然而如果不填写单据，钱是不可能存进银行的。面对固执的客户，卡耐基并没有与他争论，而是说："先生，如果您去世以后，您愿意银行把这笔存款转交给您最亲密的人吗？"

客人马上回答说："当然愿意。"

卡耐基接着说："那么您是否可以按照我的建议去做呢？首先，把您最亲近的亲属姓名填在那张表上，如果您不幸去世，那么他就会立刻得到这笔钱。"

这位客人想了想，回答道："好的。"

就这样，客户主动在单据上填写好了资料。我们分析一下就会发现，卡耐基的每一句话都是在引导客户，告诉他填写单据的必要性。这就是"苏格拉底辩论法"的秘诀所在——想让别人同意你的看法，最好不要让他们说"不"。

有的人会问，即便说"不"又怎么样呢？不是还可以让对方改变想法吗？我们回想一下自己的经历，当我们对某件事做出否定而说出"不"字以后，有多少次收回过自己的看法呢？其实每个人多少都有一点儿固执，特别是当我们对一件事持否定看法的时候，就很难被别人说服。这是因为，当我们的大脑接收到"不"这个指令的时候，无论是思想还是身体，都会进入"全面防御状态"，那么即便对方的辞令再怎么犀利，再怎么有道理，我们的"防线"依然固若金汤。因此，防止别人说"不"，就等于未雨绸缪，防患于未然。

密码点拨

- 如果没能防止别人说『不』，那就要有足够的耐心面对漫长的争论。
- 辩论未必等于争吵，关键看你如何引导对方。
- 当别人点头说『是』的时候，一切就有了希望。

如何避免对方说不？

平心静气　不要一开始就想着要和别人吵一架。把自己练到"宠辱不惊"的程度，就足以面对任何难以处理的局面。我们要做的其实很简单，那就从头到尾都和颜悦色。

调换立场　为对方想一想，非常重要，因为这决定了你说话的主题和语调。如果你的言辞和对方期望得到的回答背道而驰，那么"不"字就很容易脱口而出了。

动之以情　一定要让对方感觉你在为他着想，那么他才有可能对你说"是"。如果让别人"感同身受"，那么你的要求，在对方看来就成了自己的要求。这样一来，还有什么问题不能解决呢？

适时引导　引导别人说"是"，最关键的就是提出一个让人赞同的观点，然后逐渐向你的目标迈进。请记住，循循善诱并不是一蹴而就的，你需要有足够的耐心。

苏格拉底的秘密——精神助产术

苏格拉底在跟别人谈话、辩论的时候，有一套特殊的方法。他不像别的辩论家那样，说自己知识渊博；他首先强调自己一无所知，只是想向别人请教，但当别人回答他的问题时，苏格拉底却抓住观点的漏洞进行反驳。最后通过启发的形式，诱导对方把苏格拉底的观点说出来。然而苏格拉底却说这个观点不是自己的，而是对方心中本来就有的，只是由于肉体的阻碍，所以没能明确地表达出来。苏格拉底说他的作用，不过是帮助对方明确观点，而这一套独特的辩论法则被誉为"精神助产术"。

6.把发言权留给对方

美国费城电力公司有一个职员叫范勃,他在宾夕法尼亚州工作的时候,发现了一个现象,那就是当地的农户不怎么用电。范勃请教同事后才知道,这些农户精打细算,一分钱也不会多花,也有不少同事去做推销,但是收效甚微。

虽然情况是这样,但范勃还是决定亲自调查一下。他敲了敲一家农户的门,一位老太太探出头,发现范勃穿着电力公司的制服,立即把门关上。

范勃再次敲门,对老太太说:"您好!我是来买鸡蛋的。我知道您养的是多敏尼克鸡,这种鸡下的蛋很适合做蛋糕。"

老太太听了这句话,态度变得温和些,她和范勃聊起了如何养鸡。范勃说:"您的养鸡技术一定非常高超吧!"

老太太得意地说:"当然!我养的鸡比我丈夫养的牛还赚钱,而且……"她对范勃说了一大堆养鸡的经验,并在最后提了一个问题:"最近,我发现几个邻居的鸡棚里都装上了电灯,据他们反映,这些鸡在电灯的照射下产的蛋更多了;但我还是有些拿不定主意,你能帮我思考一下吗?"

范勃为老太太估算了一番,最后的结论是:装电灯可以提高鸡蛋的产量,可以让老太太赚得更多。就这样,范勃做成了一笔看似不可能谈成的生意。

从这个故事中,我们发现范勃并没有像一般的推销员那样,一开始就大谈电灯对养鸡的好处;如果他这样说,老太太永远都不会开门。范勃成功的诀窍,就是把说话的权力交给对方,让对方去发现电灯的好处。由此可见,话并不是说得越多越好,当我们试着去说服别人时,一定要记得一个原则——自己少说一点儿,让别人得到更多说话的机会。

给别人说话的机会,就等于给别人自我表现的机会。如果一场谈话只听到一个人的声音,那么结果可想而知。让别人表现自己,谈论感兴趣的话题,就可以把握对方的思维特点,从而找到问题的契合点。谁不希望在别人面前展示自己的特长和爱好呢?只要你给别人足够的时间和空间说话,那么别人也会回敬你同样的礼遇。这就是谈话的"二元论"——别让你的说话时间比别人多。

密码点拨

- 说清楚问题,不在于时间多少,而在于有没有点到要害。
- 只顾着自己说话的人,永远也不要想说服别人,哪怕是最简单的一件事。
- 给别人机会,也是给自己机会。

怎样给别人机会表现自我

了解对方的兴趣

谈话时最重要的一个内容，就是竭尽所能去了解对方的兴趣和爱好，如果他喜欢咖啡就聊咖啡，喜欢电影就聊电影。只有了解了对方的兴趣，你才可能给他展示自我的机会。如果不清楚对方对什么感兴趣就随便提问，便很容易弄巧成拙。

多提问题

提问是寻找话题的手段。在了解对方兴趣的前提下，可以找一些与此相关的问题，让对方有机会说出自己的看法和观点。当然，提问也要掌握技巧，审时度势，不能像"连珠炮"一样问一大串问题，让对方摸不着头绪。

适时赞扬和鼓励

听对方讲自己感兴趣的话题，除了要仔细聆听之外，还应该在对方讲完时表示一些回应，这样对方才会有被重视的感觉，才会有继续和你交流的欲望。另外，赞美和鼓励一定要契合话题，不能"牛头不对马嘴"。

如何快速了解别人的想法

首先要让对方感觉你的诚意，让对方觉得你是发自内心想与之沟通；然后把自己的想法说出来，并谦虚地说："这个想法有可能不太好。"同时告诉对方，你很想了解他的意见。当对方说出自己的看法后，你可以再适当地提问，但千万不要随便猜测对方的心思，以免引起误会。

7. "请教"是一种好习惯

美国有一位汽车商，做了很多年的生意。有一次，一对苏格兰夫妇光临他的店铺，汽车商跟他们介绍了很多辆车子；然而他们非常挑剔，不是说这辆车的发动机有点儿毛病，就是那辆车的喷漆有点儿瑕疵，到最后什么也没买。这类顾客其实很常见，他们并没有下定决心要买什么，所以无论商家怎么说，他们都不会轻易掏腰包，因此汽车商也没有太在意。

一天，汽车商接到一个电话，有一位顾客想用他的旧汽车换一辆新汽车。此时，汽车商想到了那个苏格兰人，于是打了个电话给他："您好！我有个关于汽车的问题想请教您，不知道您有没有时间？"苏格兰人听完话后非常高兴，立即赶了过来。汽车商说："我知道您是个行家，而我这里恰好有一部旧汽车，您帮我看看这部汽车值多少钱，这样我就可以在换新车的时候有个底。"

苏格兰人听到这话笑容满面，他先驾驶了那台旧车一会儿，然后告诉汽车商说："如果你能够以三百元的价格买到这辆车，那就非常划算了。"

这时，汽车商说："如果我以三百元的价格买进这辆汽车，然后再转手卖给你，你要不要呢？"

苏格兰人一听，笑逐颜开地说："三百元？我当然买啊！"

这笔生意就这样做成了，而汽车商所做的不过是请教这位苏格兰人几个问题。那么我们分析一下，汽车商的秘诀是什么呢？他没有凭借三寸不烂之舌去推销，他做的仅仅是"请教问题"，而这个问题，正好又引起对方的关心，这样一来，生意就水到渠成了。当我们想要说服别人时，如果觉得正面沟通成效不大，那么不妨试试这种"从侧面进攻"的方法，引导别人展现自我，从而接受你的建议。

当我们面对一些比较固执的人时，不妨采用这样的沟通技巧。"请教"实际上就是把问题的矛盾转移了，之前你不是说这样不行吗？我就转换一下，把我的问题变成你的问题，只要立场转变，那么问题的结果就很有可能发生改变。这是一种相当重要的处世法则，当你感到一筹莫展的时候，不妨用之。

密码点拨

- 懂得请教，也是谦虚的一种表现。
- 让别人替你考虑的前提，是你要知道别人的立场。
- 一个人固执与否，取决于你对待他的态度。

想让对方转变想法，需要哪些沟通技巧？

说话不能带有个人情绪

我们往往容易被感情控制，头脑发热时思维不冷静，那么一些欠考虑的话很可能脱口而出。控制情绪最好的办法，就是晚一点再开口，把那些带有情绪的细枝末节砍掉，这样矛盾就不容易加深。

以互相尊重为前提

千万不要自以为是，认为自己比别人聪明或高明，首先你必须尊重对方。假如对方察觉出你的言语中带有轻蔑的成分，那么会很自然地把你拒之门外。无论你的建议再好，对方都不会采纳。

沟通以理性为前提

我们都知道在双方都不理智的情况下去谈判，等于是做无用功。谈判的前提是理性，无论是哪一方都不例外。你的不理智，会换来对方的不理智，而在对方不理智的情况下，一切努力都是枉然。

所有办法的关键，就是把表达自我的主动权交给对方，让对方成为谈话的主角。

主动说"我不知道"

如何引导对方是沟通的关键，不能因为自己知道某事而不愿说"不知道"。你的"无知"正是让对方口若悬河的前提。假如你什么都说完了，别人又从何下口呢？表达的机会，一定要留给对方。

提问简洁

不要提太深刻、尖酸的问题，一定要给对方一个展现自我、顺畅表达的机会。如果你的提问是在为难对方，那么只会带来负面的效果。我们需要使用的语言其实很简单，你只要准备当个聆听者就对了。

给自己定一个原则，那就是别人说完话的5~10秒钟内坚决不要说话，给自己留下足够的时间去思考。

我是个急性子，别人说一两句不中听的话，我就要发火，怎么控制情绪呢？

8.多为别人想

卡耐基先生有一个习惯，就是闲暇时会到住家附近的公园散步。公园附近有一片郁郁葱葱的森林，有一天他散步时，看见一群孩子在草地上野炊。他非常生气，因为这很可能会引起火灾。于是，卡耐基走过去，用严肃和威胁的口气说："你们这样做太危险！引起火灾是犯法的，你们知道吗？"

几个孩子看着卡耐基的样子，脸上都露出不愉快的表情，但他们并没有把火熄灭。于是卡耐基继续说："你们怎么还不行动？如果再这样，我会立刻报警，叫警察来处理这件事。"

听到这话，孩子们非常不情愿地将火熄灭了，然后开始收拾行囊。卡耐基以为孩子们记住自己的警告，于是慢慢走出了森林；但是过了一会儿，还不见几个孩子出来，于是卡耐基又走了回去。远远地，他看见孩子们又在那里生火做饭，而且还不停地埋怨卡耐基；有个孩子甚至说："他打搅了我们的野餐！不让我们生火，我们偏要生火！"

卡耐基摇了摇头，无奈地离开了。

几年后，卡耐基的事业有了长足的进步，而且他也逐渐懂得待人处事的方法。这时，他回想起这件事，忽然有了另一种想法：如果我在公园里再看到孩子们野炊，那么我会这样说："你们玩得开心吗？晚餐你们打算吃点什么呢？我小时候也喜欢野炊。但你们要了解，在这里生火是非常危险的，不过我知道你们是好孩子，不会犯错的。可是别的孩子我就不会那么放心了；如果他们看到你们在野炊，也会跟着这样做，而且离开时会忘记把火熄灭，这样很容易把干燥的树叶点燃，引起火灾。我建议你们去那边的沙滩生火，好不好呢？那里就没有任何危险了，谢谢你们。"

试想一下，如果当年卡耐基对孩子们说这番话，那么结局可能会完全改变。虽然在树林里野炊是不对的，但是强硬的质问会让孩子们产生反抗情绪，如果"因势利导"，在不批评孩子的前提下，说出野炊的坏处，那么孩子就很容易接受建议。由此可见，假如你想让别人认知自己的错误，或者让别人同意你的观点，那么一定要把握一个原则：站在别人的角度，替别人想一想。

密码点拨

- 直言不讳，换来的往往是糟糕的结果。
- 指责别人前先想一想：如果别人这样说，我能接受吗？
- 建议永远比指责更有效。

如何改变以自我为中心的习惯

😊 设身处地

"设身处地"就是改变"我要……"的思维习惯,通过换位思考,去了解别人的想法,比如:理解对方的心情、谈话的目的等。

😊 了解需求

在谈话时,一定要知道别人需要什么、有什么困难。只有这样我们才知道从何下手,比如提出行之有效的办法,或者是针对具体问题进行协商。

😊 有容乃大

假如和对方产生了矛盾或摩擦,那么要尽量克制自己,学会忍耐。忍让不仅仅是一种美德,而且是一种行之有效的谈话技巧。你的让步可以换来对方的妥协。

😊 学会感恩

有时人与人之间无法沟通,最根本的就是缺乏"感恩的心态"。请记住,别人有时候的"举手之劳"其实是花了大力气的。如果没有感恩的习惯,那么永远不可能学会替别人着想。

9.同情的好处

美国有一位世界级的低音歌王名叫嘉利宾,他的经纪人叫霍洛克。嘉利宾虽然很有名气,但脾气很不好,动不动就发火。有一天,嘉利宾突然打电话给霍洛克说:"不好意思,我突然觉得嗓子很不舒服,今天晚上不能上台唱歌了。"

霍洛克听了这句话,知道嘉利宾的毛病又犯了,他肯定是因为遇到什么不顺心的事才会拒绝演出。不过,这样做的结果可想而知:辜负观众的期望,只会为自己带来不好的名声。霍洛克完全可以告诉嘉利宾不参加音乐会的坏处,但他没有这样做,他用同情的口气说:"我可怜的朋友,看来你是不可能去唱歌了。好吧!我马上去通知取消今天的节目,虽然你损失了两三千元的收入,但和你的名誉比起来,或许不算什么。"嘉利宾听霍洛克这样讲,感慨万千,不由地叹了一口气说:"还是你最了解我。要不然,你等一会儿再打给我吧!到时候看看我的嗓子行不行。"

结果到了5点钟,嘉利宾又让霍洛克等一等,看自己的嗓子到7点能不能恢复。最后,这位低音歌王终于走上了台,为大家献唱。

我们来分析一下霍洛克采用的办法。如果他得知嘉利宾不能上台的消息,就直言这样做的坏处,那么这位脾气不大好的歌手一定会更恼火。霍洛克了解这位明星的脾气,所以他立刻对嘉利宾表示同情,并说出"将心比心"的慰问,让嘉利宾顿时没有了孤独感;因为经纪人没有一直跟自己强调"利益",而是表示出关心;心里压着的那一团火,自然就被浇灭了。

这就是"同情"的力量,你可以用同情去化解所有不满和怨气。同情他人,并不仅仅是一种"怜悯"的心态;同情应该以"设身处地"为前提,站在对方的角度来思考和做决定。这样一来,别人就会觉得你非常理解自己,从而消除了距离感。在"感同身受"的前提下,还有什么问题是不可以商量的呢?

另外,同情不是"虚情假意",而是让你去理解对方的真实想法,并且给予一定的回应。如果我们在与人沟通时,想让别人同意你的见解,或是让对方赞同你的想法,那么就一定要懂得掌握"同情的力量"。

密码点拨

- 适当地迎合别人的想法,没有一点儿坏处。
- 处理问题的关键,在于你能不能猜透对方的想法。
- 对别人表示同情,是一种实用的社交技能。

心理测验——你的同情心有多强？

看到路边的小狗受伤了，你会拨打急救电话吗？
看到路边有一位老人在寒风中吹着萨克斯，你会丢钱给他吗？
好朋友落难，你会爽快地伸出援手吗？
朋友上当受骗，你会去安慰他吗？
当别人帮你做了一件事，你从来不会怀疑他的动机？
当你看到人们相敬如宾，你觉得理应如此，从不认为他们很虚伪？
如果帮助别人需要牺牲自己的乐趣，你也心甘情愿？

（回答是，加一分，回答否，不计分）

6~7分，你是一个善良的人，懂得体谅别人。
4~5分，你有比较强的同情心，比较乐意助人。
1~3分，看来你还不习惯同情别人。

同情别人的三大好处

让问题得到快速解决

同情是一种"拉近距离"的强而有力的武器，可以让别人迅速和你站在同一阵线，并达成共识。

积累越来越多的人脉

好口碑可以不胫而走，你的同情绝不会是白做工。相信有付出就一定有回报。

给他人留下良好的印象

一个体贴的人得到的"印象分"，绝对比一个冷漠的人高得多。因为人心都是肉做的。

10. 让别人变得高尚

在美国宾夕法尼亚州，一家房屋中介公司的经理弗利尔遇到一件很难办的事。他的一位房客本来签了一份租约，还有四个月到期，可是他对弗利尔说："对不起，我马上就要搬走了。"按照合约规定，他如果要离开，那么剩下四个月的租金依然要支付；但房客却对邻居说："既然我都不住这里了，为什么还要付钱呢？"弗利尔听到这个消息后，想道：因为这点小事就去请律师，肯定得不偿失。现在是房屋出租淡季，假如他搬走，那么房子就很不好租出去了……

思考过后，弗利尔找到那个房客，对他说："先生，我听说您不打算支付剩下的租金；但我一点都不相信这是真的，因为根据我的判断，您是一位非常讲信用的人，而且我可以和自己打赌，您一定会信守承诺，绝对不会做出违约的事。"

房客听到这一席话，脸上绽放出光彩。弗利尔接着说："我有一个建议，下个月一号才是交房租的时候，如果到了那时，您坚持要搬走，那么我会接受您的要求……当然，我只得承认自己的判断是完全错误的。不过，我依然相信您是一个说话算话的人，因为我们都不会只为自己的利益考虑……"

听完这番话，房客说："弗利尔先生，到下个月一号，我再告诉您我的决定吧！"

时间很快就到了，这天房客主动找到弗利尔说："我决定继续住下去，因为我觉得履行合约是非常值得骄傲的！"

问题就这样解决了，弗利尔用的方法有什么特别之处呢？这个房客为什么改变主意？最关键的就是弗利尔给他戴上了一顶"高尚的帽子"。或许这位房客一开始并没有把"违约"和"人品"联想在一起，他站在自己的立场，认为"既然不住房子就不用交房租。"而且他也知道，就算违约，弗利尔也不会付诸法律。但弗利尔却坚持认为房客"是一名高尚的人"；这样一来，假如房客违约，那么他就不再高尚。"高尚"这顶帽子忽然间扣在房客头上，他的立场和思维就会发生改变，因为他已经意识到自己的所作所为会影响别人对他的看法；所以经过再三权衡，房客决定履行合约，由此可见，当我们觉得某件事非常棘手时，不妨灵活运用"帽子战略"。

密码点拨

- 每个人都希望得到别人的尊重。
- 你的溢美之词对别人来说就是一种尊重。
- 没有人会拒绝在别人心目中变得高尚。

"帽子战略"的积极作用

让对方获得"尊重"

其实我一直觉得你的技术能力是很强的，所以完成这个任务应该没问题。

好！（心想：我的能力强吗？那我可要好好做啊！）

一旦对方认为自己得到了重视和尊敬，就好比站在了一个更高的"起点"，看待问题的角度也会随之改变。

缓和矛盾

一旦高尚的帽子戴在对方头上，那么对方势必会考虑自己的言行，会不会给"形象"带来不好影响。

听说你不打算还钱，我当时就骂了他们一顿，说你是一个守信用的人，绝对不会这么做。

是啊……（心想：还是还钱算了。）

拉近距离

我早就听说您对艺术品很在行，号称"火眼金睛"，一眼就能看出赝品。

您过奖了！（心想：原来她很欣赏我。）

交谈时，如果对方认为你欣赏他，那么态度就会变得随和，不但便于沟通，还能增进友谊。

让事情出现转机

当你觉得山穷水尽的时候，"帽子战略"就好比柳暗花明的钥匙，只要善加利用，就能化险为夷，让事情出现转机。

刚才这番话，其实是词不达意。我一直认为你是非常优秀的。

是吗？（心想：原来在她眼里，我还是有能力的，干脆就别吵了吧！）

"帽子战略"真的那么管用吗？

卡耐基说过："即使是那些有意欺骗的人，如果你让他觉得他是一个诚实、正直、公道的人，那么大多数时候，他都会做出积极反应，答应你的请求。"可见，你的一个看法就足以影响或者是改变别人。

11.让你的观点变得富有创意

"没有创意就难以过活"这句话虽然听起来有点儿极端,但是正好说明了创意的重要性。也许你会问:"有没有创意,和为人处世有什么关系呢?"以下,我们就来看几个例子。

很多年前,费城晚报受到恶意的攻击,有人说:"费城晚报广告比新闻还多,而且内容贫乏,可读性不强。"这个流言传得沸沸扬扬,使得晚报对读者失去了吸引力,同时影响了销量。针对这样的情况,费城晚报的高层冥思苦想,最后采用一个独特的办法。他们将费城晚报一天中的资料剪裁下来,然后分门别类地编成一本书,书名叫作"一天"。当这本书出现在书架上时,让所有人都吃了一惊;因为这本书竟有307页,和一本普通的书没什么区别,然而售价却只要两分钱。这无疑告诉了所有人:费城晚报的信息含量如此之高,相当于一本书,然而价格却低得出奇。此举不仅挽救了费城晚报的声誉,而且还增大了销量。这就是创意的力量,如果费城晚报大费周章刊登一篇文章来回击谣言,收到的效果肯定不如"一天"这个创意。

柯特和考夫曼所著的《商业上的表演术》一书中,举了很多有创意的案例。例如,一家公司为了销售冰箱,证明冰箱在运转时噪音很低,所以请买主在冰箱边点火柴;一家帽子公司为了扩大销量,决定销售有电影明星安苏珊签名的帽子;一家玩具公司,使用米老鼠的商标后,使得生意日渐兴隆;克莱斯勒公司让大象站在自家的汽车上,证明其销售的车子无比坚固……

这些创意,看上去都存在于商业领域,然而我们却可以将其应用在生活当中。如果我们无法说服对方接受自己的建议,那么就可以通过"戏剧化"的方法,用肢体语言代替争辩,比如,当你想让对方知道《三剑客》有多么精彩,那么完全不用口述一遍剧情,你可以让他去看原著改编的影视剧或话剧;如果你想让对方明白"真正的友谊超越了金钱",那么大可不必去讲一堆道理,你可以告诉他"君子之交淡如水"的典故;如

密码点拨

- "创意"换句话说,就是转换角度。
- 条条大路通罗马,如果你走不通,就换一条路。
- 有时一个简单的创意,可以让你扭转整个局面。

果你想证明自己有非凡的表演才能,那么用不着四处宣扬,你只需一个表现自己才能的机会就可以了。

生活中的"创意",并不是让我们去追寻标新立异的想法,而是告诉我们"此路不通,必有蹊径"。有时只要换一个角度想问题,就能豁然开朗。

怎样让自己变得有创意?

热爱生活
这是拥有"创意"的前提,如果你是一个对生活充满热情的人,那么自然懂得如何在生活中寻找值得关注的点滴。你的一个想法、说的一句话,有时候就是一个不错的创意。

善于打破思维惯性
我们都知道两点间的直线距离最短,但是我们的思维不能老是像直线一样,否则你就找不到创意的感觉。相信"不破不立",善于动"歪脑筋"就是创意的源泉。

博学
博学不是博览群书,而是博闻强记,随时都注意观察身边的事物。这样一来,即便无法成为第二个牛顿,也可以发现别人容易忽略的细节和创意。

做自己喜欢做的事情
如果你整天为自己的工作而唉声叹气,那么不妨转换思路,去做自己感兴趣的事。一个人只有做喜欢做的事情时,才能全心投入,也才能撞出灵感的火花。

相信你有这个天赋
没有谁是天生的发明家,假如你认为自己没有创意的天赋,只是你一厢情愿的想法。只要你坚信自己是个有创意头脑的人,那么你就不难处理任何看起来棘手的问题。

我要搞创意!我要穿有洞的衣服、我要把头发弄成绿色、我要去整容!

喂!创意不是让你去标新立异,只需要改变思路就可以了!

12.给别人一个挑战性的目标

美国纽约州有一座星星监狱，自成立以来就一直有很多问题。里面关押的都是一些罪大恶极的亡命之徒，他们动不动就会煽动暴乱，狱警拿他们没办法。因此，很多典狱长上任不久就辞职了。监狱长这个职位空缺了很长的一段时间，后来，纽约州州长史密斯上任，他决定请一个有才干的人去管理监狱，最后找了个名叫劳斯的人。

史密斯对劳斯说："我知道你很能干，让你去管理星星监狱怎么样呢？"

劳斯一听到"星星监狱"这四个字，露出了为难的表情。他知道从来没有一个人能够在那里待上三个星期，有的人甚至还丢了性命。心想：让我去星星监狱，不是把我往火坑推吗？

史密斯见劳斯犹豫不决，微笑着说："我知道你有些担心。面对这样的事，谁会觉得轻松呢？那里就像是一个地狱，要想把这个地方治理好，就需要一个有才干的大人物啊！"

劳斯一听到"大人物"三个字，心里一阵激动，他知道史密斯很器重自己；但同时，他也知道自己面临一个巨大的挑战。一旦上任，就要跟这些罪犯们打交道，如果不能管住他们，就是失败；但如果成功了，就会成为"大人物"。劳斯经过一番思考，毅然接受了这个任务。

很快地，劳斯就走马上任，他通过努力，采用"人道化"的管理方法去对待犯人，使得监狱的风气大有改观。劳斯成了星星监狱最知名的典狱长，后来他写了一本叫做《星星监狱两万年》的书，不但畅销全国，而且还被拍成好多部电影。劳斯完成了挑战，最终成为了"大人物"。

试想一下，假如史密斯没有给劳斯一个"大人物"的期许，劳斯会接受这个"不可能完成的任务"吗？

当我们需要别人去做一件事情时，可以简单地给对方一个"挑战性"的目标。一来，可以增加别人的信心；二来，一旦别人接受挑战，那么就会竭尽全力去做事。

这就是鼓励的技巧。鼓励并非说好听的话，必要的时候，我们还应该适当地采用"激将法"，让别人在充满自信的状态下迎接挑战。

密码点拨

- 适当的竞争，其实是促使我们进步的良药。
- 挑战并非都是坏事，挑战往往能激发人的无限潜能。
- 有机会挑战而选择放弃，就等于错失良机。

挑战的意义

重拾自信

每个人都有自信，只是多少的问题。自信心强的人，目标更高远，也会更努力地打拼。

故事

有个人经过一个建筑工地，问那里的建筑工人们在做什么？三个工人有三个不同的回答。
第一个工人回答："我正在砌一堵墙。"
第二个工人回答："我正在盖一座大楼。"
第三个工人回答："我正在建造一座城市。"
十年以后，第一个工人还在砌墙，第二个工人成了建筑工地的管理者，第三个工人则成了这个城市的领导者。

超越自我

有时候看似不可能的事情，往往就会变为现实，而且关键在于你是否愿意。

故事

一个小个子学生，参加学校的田径比赛。田径比赛的选手每个人都比他高，有个爱开玩笑的人对他说："小朋友，在这些大个子中间穿梭，你一定会迷路吧！"小个子学生回答说："我就像一个小金牌，混在一大堆铜牌里。"比赛结束后，小个子学生真的获得田径比赛的金牌。

不言后悔

我们不需要拿财富去衡量成功与否，追求成功的过程足矣，有什么值得后悔的呢？

故事

一个年轻的将军带领军队上战场，对着敌阵中的一位老将叫嚣道："今天我一定要打败你！虽然别人都说你很厉害，但这都是过去，我会名垂青史的！"
老将说："今天不管胜负如何，都会有两个人名垂青史。一个人为了捍卫自己的荣誉而战，另一个人为了挑战荣誉而战。"

13.鼓励的力量

很多年前,有一个10岁的孩子,在一家工厂里做工。虽然每天的工作很忙,但孩子做完工以后,总是会跑到一个没人的地方练习唱歌,因为他的理想就是当一名歌唱家。为此,他的母亲还为他找了一个音乐老师。

孩子来到老师家,非常用心地唱了一首歌;然而老师却说:"非常抱歉!你的嗓子条件不好,不适合学唱歌。"

听到这话,孩子有些绝望,既然老师都说自己不是唱歌的料,那么还有什么希望呢?他垂头丧气地回家,把老师的话告诉了母亲。

母亲抱着孩子说:"老师说得不对,难道我还不了解自己的儿子吗?你唱得很棒,只要继续唱,一定会成为歌唱家!"

听到这话,孩子的脸上终于露出了笑容。

为了让孩子实现自己的理想,母亲光着脚做工,省吃俭用,供孩子上音乐班,还不停地鼓励孩子:"你现在已经有了不小的进步,你一定会成为伟大的歌唱家。"

很多年后,这孩子长大成人,成了意大利知名的男高音,而且被认为是有史以来最知名的男高音,赢得了"歌王"的称号。他就是恩里科·卡鲁索。

卡鲁索的事迹影响了很多人,从中我们足以感受母亲的伟大以及鼓励的力量。很多人都有一个习惯,当自己做对某件事的时候,总希望能得到别人的鼓励和赞许,然而当别人取得成就时,却不太习惯说一点儿赞美的话。鼓励不外乎就是一两句话而已,但就是这点微不足道的言语,足以改变一个人的心境,甚至是一生的轨迹。

有时,我们希望别人能帮自己做一件事,却不知怎么开口;有时,我们希望下属可以尽快达成任务,却词不达意;有时,我们希望孩子能获得进步,左思右想,也找不到合适的话。其实,在很多情况下,我们都可以用鼓励作为开场白。你的鼓励,就是对对方的肯定,而别人一旦拥有自信,就会转化为强大的动力。

密码点拨

- 鼓励就像阳光和雨露,可以取得意想不到的功效。
- 在期望得到别人的表扬之前,不妨先学会赞美他人。
- 如果你懂得鼓励,那么你的人脉一定会越来越广。

第三章 说话之道，让更多人愿意支持你

如何有效地激励和鼓励别人

了解别人的需求
在鼓励别人之前，我们一定要先了解对方的想法，也就是对方需要什么，我们才好对症下药。

> 应该这样做
> 我知道你很想赢得这场比赛，祝你成功！
> ——谢谢！（心存感激）

> 不该这样做
> 我知道你一定行的，不管什么事，你都办得到！
> ——是吗？……（心想：这是讽刺我还是夸我啊？）

给对方一定的荣誉
所谓的荣誉，其实就是自尊和自信的另一种表现形式。一旦有了自信和荣誉感，那么就会产生强大的动力。

> 应该这样做
> 去年你不是优秀员工吗？希望你今年再接再厉！
> ——好，我一定努力！

> 不该这样做
> 不错，以后都这样做。
> ——……（心想：每次都做得不错，可是一点儿实质性的表扬都没有……）

精神激励与物质激励结合
口头上的激励固然重要，但有时物质奖励也是必不可少的。如果二者结合起来，一定会收到不错的效果。

> 应该这样做
> 这次做得挺不错，奖金不多，希望你继续努力！
> ——好，谢谢！

> 不该这样做
> 这次做得不错！你真是公司的精英啊！
> ——……（心想：每次都这样说，可一次薪水也没加过……）

为对方设定一个目标
目标既是希望也是愿景。就好比赛跑的终点红线一样，看到奋斗的目标，才会有方向地向前冲。

> 应该这样做
> 我一直认为你有潜力，再磨炼一下，绝对能胜任经理一职。
> ——真的吗？（心想：太好了！我一定要成为经理！）

> 不该这样做
> 只要你努力做，公司一定不会亏待你的！
> ——好的。（心想：但我一点儿希望都看不到啊……）

鼓励要有针对性
每个人的优缺点不同，能力也有差异；所以我们一定要抓住核心的要点，让别人获得最大限度的自信心。

> 应该这样做
> 你的电脑技术如此优秀，我想一定会把这件事办好！
> ——好的，我一定尽力而为！

> 不该这样做
> 我知道你很棒，所以一定行的。
> ——好。（心想：我都不知道自己哪里很棒，一点儿信心都没有啊……）

59

14.激励的好处

作家雷布利克在她的《我和梅特林克的生活》一书中，曾提到一个比利时女佣。

这女佣在雷布利克家隔壁的饭店工作，每天都会帮雷布利克送饭，她有个外号叫做"洗碗的玛丽"。玛丽外在条件不怎么样，甚至还有一双斗鸡眼，两条腿弯弯的，感觉总站不直；另外，玛丽还瘦得离谱，仿佛一阵风都可以把她吹倒。这样的女孩，大多都缺乏自信，玛丽也不例外，她成天都无精打采，仿佛做什么事情都提不起兴趣。

有一天，玛丽照常送饭去给雷布利克，雷布利克忽然对她说："玛丽，你知道吗？你的内在美，是你最大的财富。"

玛丽听到这话，忽然瞪大了眼睛，脸上露出惊讶的表情。她甚至怀疑自己听错了，因为从来没有一个人这样称赞过自己，更不会说自己"美"。玛丽叹了口气说："太太，您就别安慰我了，我从来不敢去想这些。"

雷布利克说："每一个人都有权利去追求幸福，你也不例外。玛丽，好好想想我说的话吧！"

过了一阵子，雷布利克即将离开饭店前往别处，玛丽登门拜访。雷布利克发现这个女孩已经将自己打扮得十分光鲜亮丽，她兴奋地说："您知道吗？我就要成为别人的太太了！真是感谢您当初的那句话，改变了我的一生。"

从此，"洗碗的玛丽"变成了"青春的玛丽"，而这一切都归功于雷布利克的一句话。或许，我们会认为雷布利克的这句话是偶然间说出来的，其实并非如此。玛丽的自卑，如果就此发展下去，她绝对不会变得青春焕发，也不会那么快就成为一个快乐的新娘。雷布利克的目的，是为了重新启动玛丽的自信；而雷布利克的这种做法，称作"高帽子激励法"。

这种做法和阿谀奉承无关，而是一种巧妙的赞美。这种赞美又和一般的溢美之词有所区别，它能赋予人信心和力量，并且点出一个美好的愿景。如果你希望某人拥有某种优点，那么不妨告诉对方：你就是这样的人；那么即便他不具备这样的优点，也会竭尽自己所能去努力。"高尚的帽子激励法"的奥妙，就在于此。

密码点拨

- 给别人一个美名，并让他去保全。
- 一个好的外号，可以让别人重拾自信。
- 高帽子，其实就是一个对方尚未达到但能力所及的目标。

"高尚的帽子激励法"的好处

给人荣誉感

激励其实就是荣誉的象征,能带给人信心。这就好比为运动员颁发奖牌一样,荣誉就是对能力的一种肯定。

让目标容易达成

一旦让别人获得荣誉感,那么就等于获得了继续前进的动力。即便是再艰难的目标,也会竭尽所能去实现。

发掘潜力

激励带来的,不仅仅是荣誉感,还有挖掘无限潜力的可能。一句激励的话,可以造就一个奇迹!

积累人脉

如果你想成为一个广受欢迎的人,那么不妨多激励别人,这会让你积累更多的人际关系。

小故事　　为什么人人都喜欢被赞美?

袁枚是清朝有名的才子,而且深谙为人处世之道。他考取功名后,做了县令,临行前特地去拜谢老师尹文瑞。尹文瑞问袁枚:"你年纪轻轻就当了官,一定要谨慎小心,这次前去赴任,你都有哪些准备呀?"袁枚说:"我已准备好一百顶高帽子。"尹文瑞一听,很不高兴地说:"你怎么能做这般庸俗的事?"袁枚说:"现在的人都喜欢戴高帽子,不准备不行;再说,像老师这样德才兼备而且不喜欢别人奉承的人又有几个呢?"听完这话,尹文瑞点点头,露出了笑容。后来,同学们问袁枚与老师谈得怎么样。袁枚说:"多准备一些高帽子的确大有用处,老师那里,我已送出去一顶了。"

本章重点

学会交流的艺术

1. 先赞扬，后批评
2. 批评也要讲究方法
3. 批评别人之前，先批评自己
4. 别用命令的语气说话
5. 一定要尊重对方
6. 让错误更容易改正

第四章 批评别人之前,先批评自己

1. 批评从赞扬开始

有家叫华克的建筑公司，承包了一座大厦的修建工程。有一天，承包大厦外部装潢的厂商突然来电，说无法按时完工。这样一来，华克公司将蒙受巨大的损失；因此公司的负责人卡伍决定亲自到纽约找承包商谈判。

卡伍见到装潢公司的经理，并没立即指责，而是说："我真是觉得意外，您的名字在本地是独一无二的。今天我在电话簿里查找您的地址，结果发现只有您一个人叫这个名字。"

经理兴奋地说："我还从来没有注意过呢！"于是他找来电话簿，发现果真如此。"是的！这个姓氏的确独一无二，因为我的祖先原来是荷兰人，来到纽约已经有两百年了……"

经理不知不觉地讲起自己的家族史，而卡伍则认真地听着。最后卡伍说："这真是太了不起了。如果您有空的话，可以带我参观一下工厂吗？"经理爽快地答应了。

卡伍一边参观一边说："这是我见过最整洁、最完美的工厂！"经理听了很兴奋："这里有几台机器是我发明的呢！"

经理足足讲了一个上午，然后邀请卡伍一起共进午餐。吃完午餐后，经理说："我原本以为我们会吵一架，没想到却谈得这样愉快。你回费城吧！我保证按时交货，即便牺牲别的生意，我也心甘情愿。"就这样，卡伍的目的达到了。

如果卡伍一见到经理就据理力争，事情绝不会如此顺利地解决。在整个交谈过程中，他根本没有提到交货的事情，而且没有和经理发生一点争执；这里面到底有什么诀窍呢？

当别人反对我们的观点时，我们的内心都会变得很不宁静，甚至有了反抗的情绪，即便对方说得很有道理，也很难听进去，这就是所谓的"先入为主"。如果我们不喜欢一个人，即使他说的是金玉良言，我们也不会从中受益；可见"成见"的影响力有多大。

暂且不论"成见"应不应该存在，但它的确会影响我们思考，影响我们的判断力。因此为了消灭成见，我们要做的，就是"先扬后抑"。把好听的话说在前面，拉近和对方的距离，然后再说实质问题。这样一来，"成见"就再也不会成为我们达成目标的绊脚石了。

密码点拨

- 只有真诚地赞扬才能打动别人。
- 赞扬是让别人得到尊重的最好办法。
- 赞扬和批评，有时候其实是一家人，关键看谁先出现。

"先扬后抑"只需六步

曲直迂回
不要一开始就直捣主题。直来直往固然没有错，但往往不能解决问题。所以第一步，先把问题搁在一边，谈谈其他的话题。

抓住重点
赞扬的重点，其实很简单，那就是对方值得赞扬的地方。首先，要找到对方实实在在的优点，然后才开口；否则你的赞美就等于隔靴搔痒。

当面赞美
单独赞扬，和当着别人的面赞扬，效果大不同。如果有可能的话，最好在第三人的面前赞扬对方，这样会收到双倍效果。

过程平和
从赞扬到批评其实就只有一墙之隔。懂得掌握节奏的人，往往会让过程显得自然，这样对方就不会产生心里落差，也很容易接受批评。

用词委婉
批评当然不能一针见血，而要循序渐进。批评不是劈头盖脸地骂，而是保持平等的立场和平和的心态，用商量的口吻去指责。

收尾自然
谈话最好采用"柔性策略"。最好的办法，就是从"批评"再次回到"赞扬"，然后以肯定的语气鼓励对方。

2.让批评成为一门艺术

美国一家钢铁公司的主管司华伯有一天去厂里办事，当他走到一个拐角处时，发现几个工人在吸烟；但他们背后的墙上，却悬挂着"禁止吸烟"的牌子。很明显，这几个工人违反了规定。工厂里之所以不准吸烟，是因为很多地方都有易燃物，吸烟可能会导致火灾。难道这些工人不知道吗？他们肯定是知道的，而且也看到了那块牌子，这就意味着他们是明知故犯。遇到这样的事，司华伯完全可以走上去臭骂这几个工人一顿，然后严厉地处罚他们。

然而，司华伯并没有发火，他先是走到那些工人面前，然后从口袋里掏出一个烟盒，递给每个工人一支雪茄。这几个工人一见到司华伯，吓得脸色发白，他们以为司华伯一定会大发脾气。工人们用颤抖的手接过雪茄，不知道该说什么。此时，司华伯则用温和的口气说："弟兄们，不用谢我，这是很不错的雪茄，希望你们能喜欢。当然，如果你们能换一个地方吸烟，那我就更高兴了。"听到这话，工人们立即承认了错误，而且再也没有在工厂里吸烟了。

在生活中，像司华伯这样的主管或许并不常见；因为大部分人在遇到类似的事情时，肯定是火冒三丈。明明不准吸烟，却明知故犯，太不像话了！不严厉地惩罚一下，那不是会有更多人犯错吗？这样想的确没错，有时候严厉的惩罚会达到"杀一儆百"的作用；然而，这一方法并非适合所有情况，特别是当批评有可能损害别人的自尊心时，更要斟酌说话的用词。

我们需要遵循的原则就是：批评必须以不伤害对方自尊为前提。把握好批评的轻重缓急非常重要，因为当对方认识到自己所犯的错误时，大多已经产生了后悔的心理，如果你再声色俱厉地大发雷霆，那么势必会超出对方心理承受的底线，就有可能造成负面影响。想一想，如果别人不考虑你的尊严而大声斥责，你会有什么感受呢？因此，批评必须以尊重为前提；接着，再通过比较委婉的方式指出对方的错误。

密码点拨

- 不顾对方感受的批评，无法得到好的效果。
- 谩骂换来的，通常是记恨。
- 当批评没有出现一句重话时，就成了艺术。

第四章 批评别人之前，先批评自己

让批评成为艺术的"捷径"

认识到批评的必要
委婉地批评和放任是两码事，前者是避其锋芒，点到为止；而后者则无异于放任自流。

提醒而非威胁
如果你用威胁的口吻交谈，那么对方是不会冷静回应的，而且也不可能真心接受你的建议。

控制情绪
以什么样的态度开口至关重要。不能让怒火左右自己的理智。唯有平心静气才能达成目的。

适度赞扬
赞扬绝对是批评出现前的一剂良药，因为它可以让对方保持良好的心态，去面对自己的不足。

营造轻松的氛围
紧张的气氛，绝不可能会让双方都保持冷静。如果能够以轻松的话题开场，就等于成功了一半。

如果批评直来直往……

你这个月的业绩怎么那么差，到底怎么回事啊？

最近身体不好，所以有时候会迟到……

迟到也不会这样啊！

最近身体不好，我也不想啊！如果你嫌我身体不好，那我就回家休息吧！

3. 批评别人之前，先批评自己

卡耐基先生有位名叫约瑟芬的侄女，高中毕业后，她就成为卡耐基的秘书；那时，她才19岁，基本上没有任何工作经验。秘书工作其实非常繁杂，不但要接听电话，而且还要处理一大堆杂务。总之，如果办事不仔细，就容易出纰漏。约瑟芬一开始手忙脚乱、缺乏条理，很多事情都没能办好，卡耐基见状，总想找个机会说说她，然而一直没机会开口。

一天，约瑟芬不慎又犯了错，卡耐基有些生气，他本来想出口教训，但最后还是忍住了。他对自己说："等等，戴尔·卡耐基，先想一想，你的年纪比约瑟芬大一倍，你的处世经验和工作能力是她的一万倍。那么你为什么要按照自己的标准去要求她呢？你19岁时，比约瑟芬能干吗？"卡耐基仔细回想了一下自己19岁时的情形，接着用和蔼的语气对侄女说："约瑟芬，你犯了一点错误，但是上帝都知道，这比起我犯的错误来说是微不足道的；因为人并不是生下来就会处理事情，我们需要积累经验。而且，你比我年轻的时候强多了，我像你那么大时，犯了很多愚蠢而可笑的错误。"

话说到这里，约瑟芬的表情并没有变得难堪，于是卡耐基接着说："假如做事的时候多想一想，有什么不好呢？如果你养成了这样的习惯，不就可以越做越好吗？"

约瑟芬听了这番话，点了点头。从今以后，她做事越来越有条理，成为卡耐基的得力助手。

或许有人会问："在批评别人之前，说自己做得不好，不是很虚伪吗？"其实，这和虚伪一点儿关系也没有，这样做的目的，是为了消除心理落差。

批评者和被批评者，地位仿佛并不平等；因为批评者通常是上司、长辈，这样的居高临下，势必会让被批评者产生一种心理压力，总认为自己处于绝对劣势。这种心理落差造成的不平等，无形之间会筑起一道墙，阻隔双方的交流和沟通。

自我批评的好处，就在于摆正双方的位置，消除不平等。"我像你这么大的时候，还不如你呢……"有了这样的铺陈，对方就会想：既然如此，我的错误看来也不是不可原谅的。

请记住一个原则：当你想要批评别人的时候，切忌用居高临下的姿态说话，只有平等地交流，才会事半功倍。

密码点拨

· 先说自己的错误并不是丢脸的事；相反，还有很多好处。

· 每个人都会犯错，圣人也不例外。

· 尊重和平等，是愉快对话的前提。

自我批评的好处

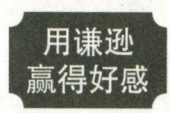

用谦逊赢得好感
- 其实我这个人也很粗心啊！比起你差远了。
- 哪里啊……（心想：这个人真谦虚，应该很好说话）

人们通常更愿意和谦虚的人打交道，所以你的谦虚，一定会赢得对方的好感。

平等对话
- 我年轻的时候，犯的错误简直无法计算啊！
- 是吗？（心想：那我不是不比他差吗？）

这里的平等，是指心理的平衡，也就是被批评者不会感到太大的心理压力。

不伤人自尊
- 其实你非常优秀，我当年若像你这样，一定会少走弯路。
- 您过奖了……（心想：其实他没有瞧不起我。）

批评最大的忌讳，就是不顾别人面子，大肆揭短。要知道，保全别人的尊严，才能做到平等对话。

目标容易达成
- 所以只要你再加把劲，一定会做得比我好。
- 好，我一定会的！（心想：我有信心做好！）

以尊重为前提，那么对方会得到尊重感。这样一来，你的建议就很容易被对方采纳。

谦逊，不仅仅是一种美德

真正的大师和伟人，从来不会逢人就夸耀自己的功德和成就，他们往往都非常谦虚，且平易近人；这并不是他们故做姿态，而是经过千锤百炼，他们明白一个道理：如果你想毁掉自己，就尽情地傲慢吧！唯有谦和待人，才能让自己进步，并获得成功。

- 听说你获得了很大的成就，真是厉害啊！
- 哪里，我就是运气好而已，而且也不是什么了不起的事。

4.别用命令的语气说话

美国有一位名叫泰白尔的女作家,擅长为名人写传记。一个偶然的机会,她为名人杨欧文立传,所以采访了很多和杨欧文有过接触的人。有一次,泰白尔前去访问一位和杨欧文同在一个办公室工作三年的人。

泰白尔问:"杨欧文先生有哪些让您难忘的特质呢?"

那人回答:"要说起难忘嘛!那就是他从来不会对任何一个人说命令的话,他从不去指使别人,都是提建议。"

杨欧文从不会对别人说:"你应该这样做,你必须这样做。"或者是"你不能这样做。"他最常用的措辞就是:"你不妨可以考虑一下。"或者"你认为这样做最有效吗?"

当杨欧文写完一封信之后,经常会问周围的人:"你认为写得如何?"当他看完助理写的公文后,会说:"或许我们这样用词会更好一点。"他总是给别人机会去完善自己所做的事;他从来不会指示助手该怎么做,而是让他们从失误和错误中去积累经验。

或许,杨欧文这样的主管在现实生活中不太常见,因为很多管理层的人士都有一个习惯,就是喜欢指使下属做事。因为自己是主管,所以有这个权力,而且既然下属没有做好,那为什么不及时指正呢?这样的想法其实没错,但是假如我们换一个立场,当你有一点事情没做好的时候,希望上司用严厉的口吻对你说话吗?当你听到"怎么这点事也办不好?这件事应该这样做啊"的时候,会不会觉得很尴尬呢?毫无疑问,我们都不希望被别人命令,不希望被人随意指使;然而当我们有机会去命令别人的时候,却不曾想过这样做的坏处。你的指示,或许能够达成目标,但势必会在别人心中留下阴影,抑或是产生抵抗的情绪。

杨欧文这样的行事方法,不但可以让人改正原来的错误,而且保住对方的自尊,使别人有了自重感。这样一来,不但容易取得对方的好感,而且会积累人脉和口碑,面对你的大度与谦和,难道还有人会拒绝愉快地做事吗?因此,当我们想要顺利达成某件事情的时候,不妨放下架子,采用"提建议"的方式去沟通。

密码点拨

· 习惯指使他人,容易给人留下趾高气扬的印象。
· 平等对话,才是尊重人的前提。
· 放下架子,你会得到更多。

怎样建议别人做某事

先了解他人性格
首先，你必须知道自己的谈话对象是何种性格，才能准确选择合适的开场白，并确定交谈的语气。面对性格开朗者，态度放开也无妨；若是较为敏感者，就需要注意措辞。

叫你来办公室，就是想找你谈谈心。

好……（性格敏感的人心想：裁员都是从谈心开始啊……）

你好，这件事还是要请你多费心！（心想：虽然以前没做好，但再给他一次机会吧！）

好的。（心想：居然没有责怪我。）

放下成见
如果对方之前在你心中留下不好的印象，那么不妨用橡皮擦把这一页擦掉；因为成见会影响你的态度和语气。其实最好的办法就是坚持"对事不对人"的原则。

让批评变得委婉一些
批评不一定要使用严厉的措辞，有时候甚至可以通过其他方式，婉转地表达责怪之意。总而言之，如果批评太露骨，势必会让气氛变得不和谐。

其实，大家都有考虑不周的地方，你别太在意。

好的。（心想：其实主要责任在我啊……）

你一直都很出色，所以希望你能处理好这件事。

我一定好好做！

鼓励先行
这是让别人做事或者改正错误的先决条件。如果你想让别人愉快地接受你的建议，那么就请先说几句鼓励的话，这就好比是达成目标的催化剂，效果不言而喻。

让对方成为解决问题的主角
最关键也是最重要的一环。建议别人做某事，千万不能把自己的建议全盘托出，那样和指使没有两样。学会多用疑问句，诱导别人去接受你的建议和意见。

你觉得如果这样做的话，会不会更好一点呢？

好，我试试。（心想：这个办法好像不错。）

5.尊重是解决问题的前提

会计部长斯坦米兹,是刚被提拔起来的,先前他是电学方面的专家,拥有很丰富的经验;然而当斯坦米兹升职之后,人们才发现他并不了解会计,也就是完全无法胜任这个职位。俗话说"请神容易送神难",解雇高层管理人员本来就不好办,而且斯坦米兹又是一个非常敏感的人,该怎么办呢?

总经理想了很久,决定找斯坦米兹谈一谈。

"斯坦米兹,你知道吗?你是我们公司最棒的电学专家。"总经理先表扬斯坦米兹一番。

"您过奖了。"斯坦米兹的脸上带着笑容。

"我可不是夸你,全公司的人都知道这一点。"

"谢谢,我知道自己还做得不够好。"

总经理接着说:"我一直认为让你去管理会计部,实在是有些浪费;所以,我和董事会商量了一下,想让你做我们公司的顾问工程师,你觉得怎样?"

于是,斯坦米兹从部长变成了顾问,另一个人接替了他的职位。顾问这个职位,无论是从待遇还是其他方面来说,都无法和部长相比;然而斯坦米兹却愉快地接受了,而且没有和总经理发生一点儿摩擦。

我们试想一下,假如总经理单刀直入地说:"斯坦米兹,你并不适合做会计工作,所以你去做顾问算了。"这样的话,斯坦米兹一定会认为,是因为自己没有做好,所以"降级"当了顾问。前面提到,斯坦米兹是个很敏感的人,这样说势必会在他心里留下阴影,最后的结果一定不会让大家都感到满意。总经理的一番话,只是告诉斯坦米兹:"会计不适合你,你只是换了一个岗位而已。"那么职位调动就相当于"平迁",丝毫没有降级的意思。就算斯坦米兹察觉到了,但总经理已经保全他的颜面,所以肯定会坦然接受。

总结一下,总经理这一招的重点是什么呢?那就是"以尊重为前提"。首先,尊重斯坦米兹,充分肯定他的能力;然后再谈转职的事情,就好比顺水推舟,自然水到渠成。因此,假如你想批评别人,或者让别人接收自己的建议,那么一定要以尊重作为前提。

密码点拨

- 面子不是别人给的,而是自己给的。
- 尊重别人,其实也就是尊重你自己。
- 在平等和尊重的前提下,很多问题其实都非常好解决。

何谓尊重他人？

有礼貌

这个话题虽然是老生常谈，但并不见得人人都很重视。礼貌并不完全停留在语言上，当你说"你好"的时候，如果没有看着别人的眼睛，那么比不说还糟糕。

会微笑

冷若冰霜最大的好处，就是让所有人都对你敬而远之。尊重别人，就一定要保持愉快的表情，一个微笑不会花一分钱，但会给别人带来无尽的温暖。

赞同永远站在最前面

懂得尊重别人的人，哪怕是想要大骂对方一顿，也不会以批评开头。让赞美走在最前面的好处，就是让别人的自尊和颜面得到保留。

了解别人的需求

如果你不事先了解对方需要什么，就开始长篇大论，那么说再好听的话，也不会让对方产生被尊重的感觉。所以如果对方想要被表扬，你一定不能吝啬。

有耐心

如果你没有耐心听完对方的话就急着开口，那么也不会换来平心静气的交谈。尊重最重要的一点，就是要给别人说话的自由和权利。

温文儒雅

在这里，温文儒雅不是一种风度，而是一种态度。尊重别人的人，遇事皆以平和的心态去对待，从不轻易发火。平易近人，也就是这么来的。

尊重的故事

在纽约，有个商人看到一个衣衫褴褛的人站在路边卖铅笔，出于怜悯，商人塞给他一元钱转身就走。不一会儿，商人返回来，从卖笔的人那儿抽出几支铅笔，并说："非常抱歉，我刚才忘记拿笔了，你和我一样，都是商人。"几个月后，两人再次相遇，而卖笔的人已经成为一个推销商，他非常感激地对商人说："谢谢你重新给了我自尊，还告诉了我，'我是个商人'。"

73

6.让错误更容易改正

卡耐基先生有一位年近四十岁的朋友，突然想学跳舞；于是他找到了一位舞蹈老师，想得到一些指导。舞蹈老师在第一堂课时就对这位先生说："您的舞步完全不对，非常生硬，而且没有节奏感，看样子要从头学起。"听到这话，这位先生非常灰心，顿时没了学习兴趣。

后来，这位先生又请了一位舞蹈老师，然而这一次，老师说："您在跳舞的时候，有一种很自然的韵律感，虽然您的舞步有一点儿老式，但基本节奏是对的，您应该不难学会几种比较流行的新舞步。"听到这话，这位先生学习舞蹈的兴趣越来越浓，所以跟着这位老师学了下去。他最后虽然并没有成为舞蹈家，却已经学会了很多种舞步，如果去参加舞会，肯定是个能赢得大家赞扬的高手。

我们来分析一下两位老师的心态。其实第一位老师说的未必是假话，或许他是站在一个专家的角度，说出真实的看法；然而，这样的结论，想必没有几个人愿意接受，因为这位老师的出发点有很大的问题。这位先生学习跳舞，并不是要立志做一个舞蹈家，他充其量就是一个舞蹈爱好者，将跳舞当成了兴趣；但老师却用选拔跳舞人才的要求去衡量，当然不会满意。我们可以说，这位老师完全不了解这位先生的需要。

第二位老师的出发点截然不同，他知道先生学跳舞，是兴趣使然，所以并没有拿太高的标准去衡量；而且他深谙说话的艺术，了解即便要将不好听的话表达出来，也要改头换面一番，达到别人可以接受的地步。这样做并不是单纯为了别人的面子，而是让别人的错误看起来更容易改正，从中得到信心。

或许在你眼里，别人的缺点或是错误是不可原谅的；但如果你想要改变局面，想要让别人充满信心地去达成某件事，那么就不能直言不讳。只有让困难变得容易克服，让目标变得唾手可得，才有可能事半功倍。

密码点拨

· 如果连说话都处处不饶人，那么你的人际关系可想而知。

· 给别人希望，也就是帮自己的人脉加分。

· 问题出现以后，要做的不是责怪，而是如何解决。

第四章 批评别人之前，先批评自己

为什么要给人希望

错误并非不可改正

有时候，我们常常会因为别人的一点错误而火冒三丈。但是却很少去想：这个错误真的是不可原谅吗？事实并非如此，我们都有一个弱点，就是喜欢拿放大镜看别人的缺点；所以我们不妨将心比心，给人改正错误的机会。

给人希望

这点错误没什么，以后多注意就是了。

一定会注意的！

不留余地

搞什么啊！为什么什么事情都做不好啊？

……（心想：我那么没用吗？）

宽容可以换来无穷的动力

一份宽容，可以让人的心境豁然开朗，甚至产生奋发前进的动力。这也应验了一句老话："得饶人处且饶人"。

绝望的后果不堪设想

让别人绝望很容易；但同时，你也让事情得到解决的可能性接近于零。毁掉一个人最好的办法，就是杜绝一切希望。

小故事　　圣人心中的"宽容"

孔子的学生子贡曾问孔子："老师，有没有一个字，可以作为终身奉行的原则呢？"孔子说："那大概就是'恕'吧！"这里的"恕"，也就是我们今天所说的"宽容"。

本章重点

认识忧虑

1. 懂得甩掉忧虑
2. 消除忧虑的办法
3. 忧虑会影响我们的健康
4. 学会如何摆脱忧虑
5. 别给忧虑太多生存的空间
6. 别为不会发生的事情烦恼
7. 学会接受现实
8. 别让忧虑持续时间太长
9. 别为往事而哭泣
10. 想尽办法处理忧虑

第五章 拥有宇宙般强大的内心能量，战胜忧虑

1.让忧虑永远停留在昨天

1871年的春天,蒙特瑞综合医院的一位医科学生成天忧心忡忡,因为他感觉自己的人生正面临着各种各样的困扰,例如,怎么通过期末考试?毕业之后我该做些什么?我到底要靠什么谋生……带着这些疑虑,他拿起一本书,最后看到了影响他一生的24个字。

这24个字,使这位学生豁然开朗,从此不再为琐事烦恼。到了1913年,这位年轻的医学生已成为当时最著名的医学家。后来,他创建了享誉世界的约翰·霍普金斯医学院,还成为牛津大学医学院的钦定讲座教授,这在当时是英国医学界的最高荣誉。他去世之后,还被英国国王封为爵士。

这位学生就是威廉·奥斯勒爵士;而当年他看到的24个字就是:"最重要的是不要看远处模糊的风景,而是做手边清楚的事。"这是历史学家汤姆斯·卡莱里的名言。

很多年后,威廉·奥斯勒爵士在一次演讲时道出了一番肺腑之言:"……埋葬已经逝去的过去,忘记昨天……明天的负担加上昨天的重担,必将成为今天的障碍。要把未来像过去那样紧紧地关在门外……未来就在于今天,人类拯救自己的日子就在现在……"

从威廉·奥斯勒爵士的人生轨迹,我们不难总结出一个真理:永远别把忧虑带到今天。然而有多少人做得到呢?或许我们很容易遗忘快乐的时光,却总是无法忘却不愉快的经历。我们习惯把忧虑从昨天带到今天,甚至让其影响我们的未来。

有这样一句话:"明天可以吃果酱,昨天可以吃果酱,但今天不准吃果酱。"想一想,我们大多数人也是如此,我们总是在为明天的果酱和昨天的果酱而忧虑,却不肯在今天把果酱涂在面包上。换言之,我们总是在回忆不幸、焦虑未来,却不肯好好过现在的生活。长此以往,不幸总是日复一日地循环,仿佛人生一直被阴霾的天空所笼罩。

综观那些功成名就的人,我们都会发现,他们有一个共通性,就是"忘性大"。这个忘性,不是记忆力不好;而是他们懂得如何不去理会那些干扰自己思考的东西,懂得如何不让昨天的错误影响今天的判断。如果你想摆脱过去的束缚,享受今天的生活,那么很简单,你只需要记住两个字:"今天"。

密码点拨

· 只有傻子才会把昨天的烦恼带到今天。

· 遗忘过去的好处,就是让你没有羁绊地去享受今天。

· 忧虑是影响我们思考的大敌,所以千万不能让它迈过昨天和今天之间的这道门槛。

你懂得遗忘过去，抓住现在吗？

一、你是否习惯忘了生活在今天，而只担心未来？

回答YES 担心未来，会让你的视野越来越狭窄，因为你会因为焦虑而变得畏首畏尾，甚至裹足不前，浪费现在的大好时机。

二、你是不是常常为往事后悔，而让今天过得更难受？

回答YES 如果往事不堪回首，那么就别回首。往事在心中留下的阴影，可以随时间而淡化，但千万别在忘却时又开启尘封的苦恼。

三、早晨起来的时候，你是不是下定决心要好好抓住今天的"24小时"？

回答YES 说明你还没从忧虑的阴霾中走出来，很可能你会用12小时或者更长的时间去整理思绪，但是等你回过神，会发现天色已晚。

四、如果你下定决心好好过今天，是否可以让自己的生活更精彩？

回答NO 忘记昨天和明天，并非取决于决心下得有多大，而在于你是否能真正投入今天的生活。只要今天无法快乐，任何举措都是白费。

五、我什么时候应该开始这么做？下星期……明天……还是今天？

举棋不定 如果你还要给自己一个借口，延缓下决心的时间，那么只可能有一个结果：那就是你永远也没办法下决心。

小故事 　　　　　　　　放下忧虑

　　有一位哲人，四处游历。最后，身无分文地流落他乡。一天，他与一群人交谈，说了一句话："不要为明天忧虑，因为明天有明天的忧虑，一天的难处，一天担当就够了。"

2.消除忧虑的公式

威利·卡瑞尔是卡瑞尔公司的负责人。他有一段亲身经历，为消除忧虑提供了一个行之有效的模式。

卡瑞尔先生年轻时，在纽约州水牛城的水牛钢铁公司工作。有一次，他奉命去密苏里州水晶城的匹兹堡玻璃公司的下属工厂安装瓦斯清洗器。这是一种新机器，卡瑞尔和同事们克服了许多困难，终于让机器运转起来，然而机器的性能却没有达到预期指标。这对于一个工程师来说，无异于是失败了。卡瑞尔因此寝食难安，最后竟然腹痛，长时间无法安然入睡。

后来，卡瑞尔发现忧虑并不能解决问题，所以想到了解决问题的三部曲：

第一步，卡瑞尔分析这件事最糟糕的结果，那么就是让老板损失两万美元，然后丢掉这份工作；但即便如此，也不会有谁来追究他的刑事责任，也不会坐牢。

第二步，卡瑞尔让自己接受了这个最坏的结果。他想这件事不外乎会在自己的履历中留下污点，但也不会因此而找不到工作；而损失两万美元，对于老板来说也是可以接受的，就当交了一次实验费吧！

有了前面这些设想，卡瑞尔顿时觉得自己的心情轻松许多，从而开始思考第三步。他开始思考补救的措施，以便尽可能减少损失。最后发现，只要再花五千美元，买一些设备，就可以让问题得到解决。就这样，卡瑞尔没有让公司损失一分信誉，反而赚了一万五千美元。

我们可以把卡瑞尔解决问题的三部曲视为消除忧虑的公式；那么在这个公式中，最重要的环节是什么呢？就是想清楚最坏的结果，并去接受它。

我们之所以焦虑，是因为无法预想自己的行为会带来什么后果，担心自己会遭遇不幸；然而我们又会发现一个奇怪的现象，等事情过去后再回首审视，往往发现结果没有当初想的那么糟。所以，不如先给自己一个底限，事先就预想最糟糕的结果，然后去接受它。试想，还有什么情况能比这个更糟糕呢？如果没有，就静下心来，仔细思考对策。此时，你会发现自己已经摆脱忧虑的束缚；如此一来，还有什么难关过不去呢？

密码点拨
- 焦虑会让我们失去基本的判断力。
- 丢掉焦虑之前，我们要有接受一切可能的准备。

第五章　拥有宇宙般强大的内心能量，战胜忧虑

公式解析

第一步　可能发生的最坏情况是什么？

担心失去工作，可能是职场生涯中遇到的最坏结果；但失去工作并不代表以后也没有机会寻找工作，因为即便你失去工作，也还积累了一次失败的经验，让自己更加成熟。

如果这个业务搞砸了，最严重的后果是什么呢？

当然是被炒鱿鱼啰！

第二步　做好准备迎接最坏的局面

不外乎就是没工作嘛！想一想也不算太糟糕，总比要饭强！

要饭也不一定穷啊！看你怎么个要法。

给自己设定一个底限，以便接受最糟糕的局面。如果你已经坦然接受，那么心里就不会有任何负担，这样会让自己保持平静的心态，去思考下一步的策略。

第三步　设法改变最坏的情况

坦然接受并不代表坐视不理。问题出现后，一定要想办法解决。因为当你越过了这道障碍之后，往往会发现，经过自己的努力，结果并不像自己想的那么坏。

下一步，先联系一下客户，看能不能把损失降到最低。

我想应该还有挽回的办法。

名人的声音

应用心理学之父威廉·詹姆斯教授曾说："如果你接受了既成的事实，就是战胜接踵而至的一切不幸之第一步。"

林语堂在《生活的艺术》里说："内心的平静可以承受最坏的境遇，能让你焕发新的活力。"

3.忧虑会影响人的寿命

在美国南北战争时期，有一个有趣的故事。格兰特将军围攻瑞其蒙已经9个月，而李将军的部队早已饥饿不堪，眼看就要被打败了。

李将军好几个兵团的人都成了逃兵，其余的人则在帐篷里祈祷——他们不停地哭喊、精神恍惚。最后这些情绪失控的人，放火烧了瑞其蒙的棉花和烟草仓库，接着还烧了兵工厂。随后，他们在火光四射的夜里弃城逃走了。格兰特率领军队乘胜追击，从四面八方夹击南方联军，让骑兵从正面截击。

但此时格兰特眼睛出现了问题，视野模糊，而且还有剧烈的头痛，以至于他无法跟上队伍。最后，格兰特不得不在一名农户家里过夜。病痛让格兰特非常恼火，他甚至将双脚泡在添加了芥末的冷水里，还把芥末药膏贴在手腕和后颈上，希望第二天早上可以康复。

第二天早上，格兰特彻底恢复了，但却不是芥末膏药起的作用，而是有人骑马带回了李将军的降书。当投降书摆在格兰特的面前时，虽然他的头还是痛得很厉害，但是看完信之后，病马上就好了。

很显然，格兰特将军的头痛是因为忧虑和紧张引起的，一旦情绪稳定下来，想到胜利的喜悦，那么病就不治而愈。

我们是否有过这样的经历？一遇到烦心的事就感觉浑身不适；一听到好消息，就感觉精神抖擞。无数的科学家已经证明，忧虑会导致疾病，而这些疾病毫无疑问会影响我们的健康。有些人一定会觉得不可思议，心情好坏和生理时钟有什么关系呢？其实人体生理时钟里有个重要的零件叫做"心情"，如果它的状态良好，那么生理时钟不但时间准确，而且还能保证身体健康；如果它出现状况，势必会影响身体各方面。

长寿是一个古老的话题，从古往今来的长寿者当中，我们发现了一个定律，那就是他们基本上都拥有良好的心态，有的人甚至从来不曾为一件事悲伤过。由此可见，忧虑不仅是一种会让你心烦、头痛的东西，它还有可能会影响我们的寿命。

就像卡尔·门林格尔博士的著作《人对抗自己》，其中最有名的一句话："不懂如何排解忧虑的人，很容易早夭。"

密码点拨

- 忧虑会导致各种疾病。
- 忧虑一次，你的寿命很有可能就缩短一分。
- 排解忧虑，是战胜疾病的良方。

忧虑可能会导致哪些疾病呢？

◎忧虑会对心脏造成损伤
◎忧虑会引发高血压
◎忧虑会导致风湿
◎忧虑会引发糖尿病
◎忧虑可能会导致感冒
◎忧虑会导致胃溃疡

摆脱忧虑的偏方

> 心里好烦啊！睡不着觉，怎么办？

> 那就出去运动一下，出出汗，就会感觉轻松不少！

睡得安稳

良好的睡眠可以保证人的身体健康，一觉醒来，或许烦恼都成为了过去。如果你因为忧虑而无法入睡，那么不妨借助其他事情分散精力，或者做一些运动。

> 烦躁的时候听什么音乐最好？

> 当然是轻音乐啊！节奏适中、曲调优美，一定能改善情绪。

喜欢好听的音乐

音乐可以改善心情，已经得到了科学的证实。如果你觉得心烦意乱，不妨听一些悠扬、欢乐的音乐。养成欣赏音乐的习惯，也对健康大有裨益。

> 哎呀！这个企划案会不会不通过啊？真是着急！

> 通过了就做，没通过就重来，有必要这么焦虑吗？

乐观看待生活

凡事想开一点儿，就没有过不去的难关。乐观不仅是一种人生态度，而且也是保持身体健康、延年益寿的不二法门。想要长命百岁，就别忘了多笑一笑。

4.摆脱忧虑的三个步骤

我们究竟要怎么做，才可以让棘手的问题迎刃而解，让忧虑远离我们的生活呢？请记住这三个步骤：了解事实→分析事实→作出决定并付诸行动。

先来看第一步，我们如何去了解事实。为什么这一点如此重要呢？因为只有当我们把问题弄清楚之后，才能寻找正确的方法去解决问题。如果看不清情况，那么无异于盲人摸象。已故的哥伦比亚学院院长郝伯特·霍克斯曾帮助20万学生消除了忧虑，他说："产生忧虑的主要原因是困惑。世界上的忧虑，大多数是因为人们缺乏对现实情况的了解。"由此可见，当我们遇到问题时，千万别忙着如何去应付接踵而至的困难。你需要做的，首先是看清事情的真相，想明白整个情况发生的来龙去脉；否则，你的判断力没有事实作为依据，再好的方法也是无的放矢。

第二步是分析事实。这一步要以了解事实为基础。在了解事实的过程中，我们会筛选出许多资讯，这些资讯会引导我们做出决定。在人生当中，我们随时都在做的一件事，就是比较和筛选，比如我们去商场，会比较同类商品的价格和实用性，最后作出决定。比较和筛选，就是第二步的核心。我们要分析利弊，衡量得失，最后从无数个方法中选择最可行的一个。

第三步，用四个字概括，就是"立竿见影"，这也是最重要的一环。在生活中，"多谋"的人并不少见，他们会有很多点子，可以出很多主意；但是"多谋善断"的人却屈指可数，他们不但善于谋划，而且还可能在最短的时间内做出决定，并且付诸行动。

威廉·詹姆斯说："一旦作出决定，就要立刻付诸实行，不要被责任和后果绊住了脚跟。"他的意思是，一旦你作出一个谨慎的决定，就要立即付诸行动，千万不要停下来反复考虑，不要迟疑，也不要怀疑自己！

俄克拉荷马州最成功的石油商人怀特·飞利浦，在总结自己的成功经验时说："我发现，一直不停地思考问题，如果超过了一个界限，就会造成混乱和忧虑。"因此，当我们下定决心的时候，就要立即去执行，千万不要畏首畏尾，错失良机。

密码点拨

- 忧虑不可怕，可怕的是纵容忧虑。
- 摆脱忧虑，最重要的就是「想到就去做」，时间的延长，只会让你备受煎熬。

第五章　拥有宇宙般强大的内心能量，战胜忧虑

四个问题，摆脱忧虑

我担忧的到底是什么？

这是排忧解难的第一步。试想，如果你连自己在担心什么都没搞清楚，那又谈什么解决问题呢？探寻一下自己的内心深处，把困扰你的罪魁祸首揪出来。

我能怎么办？

这是打开思维的一步，我们要根据自己的忧虑，去思考所有的应对办法。此时不必做筛选的工作，你只需要详尽地记录下自己能想到的可能，为最后的决断创造条件。

我决定怎么做？

这是决定性的一步。我们要从列出的可能当中去选择最合适的办法。筛选的工作至关重要，与此同时，我们必须有一个坚定的信念，那就是如何才能丢掉忧虑。

我什么时候开始做？

这一步决定成败。如果前面三步都做得很完美，而现在却犹豫不决，那么等于是前功尽弃。既然作出决定，就不要怀疑自己，义无反顾地执行比什么都重要！

5.把忧虑赶出你的大脑

卡耐基先生的讲习班上,有位名叫马利安·道格拉斯的学生,讲述了自己曾经面临的不幸和战胜不幸的经历。道格拉斯的第一次不幸,是失去了5岁的女儿,他非常爱这个孩子,所以他和妻子都不知道如何去面对;然而更不幸的是,10个月之后,他们有了另外一个女儿,但她仅仅活了5天。

接踵而来的打击几乎让人崩溃,道格拉斯告诉卡耐基:"我根本睡不着,而且吃不下东西,仿佛精神遭受了致命打击,就算是吃安眠药和外出旅行都毫无用处。我的身体就好像被一把大钳子夹住,而且越夹越紧。"

有天下午,道格拉斯在墙角独坐,情绪非常低落;他四岁的儿子忽然走过来说:"爸爸,你能不能为我造一条船?"道格拉斯精神萎靡,哪里有兴致造船呢?但小家伙老是缠着爸爸,道格拉斯只得答应他。造玩具船大约耗费了三个小时的时间,道格拉斯意外发现,这三个小时他竟感到无比的轻松。

这也让道格拉斯如梦初醒,他终于明白,如果投入去做一项工作,那么就很难再忧虑了。第二天晚上,道格拉斯观察了每个房间,然后把可以做的事列成一张单子,比方说书架、楼梯、窗帘、门把、门锁、漏水的水龙头都需要修理。在两个星期之内,道格拉斯找到了242件需要做的事。

从此,道格拉斯的生活丰富了起来。他每星期要抽两个晚上的时间,到纽约市参加成人教育班。现在,他任校董事会的主席,同时还协助红十字会和其他机构进行募捐。总之,道格拉斯已经忙得没有时间去忧虑了。

在图书馆、实验室从事研究工作的人,很少因为忧虑而精神崩溃,因为他们没有时间去享受这种"奢侈";所以,如果想让忧虑离开你的生活,要做的就是不要给忧郁生存的空间。一个人只要闲来没事,就会去想那些令自己不愉快的事,假如他忙得不亦乐乎,就大大减少了忧虑的时间和概率,"忙碌可以让你忘记忧愁"这句话所言不假呀!

密码点拨

· 忧虑之所以会让你烦恼,原因之一就是你给了忧虑太多的时间。
· 找很多自己感兴趣的事情,并投入其中。

如何消除生活中的烦恼

认定烦恼可以置之不理

烦恼和必须解决的问题是有区别的,有的事情可以随着时间而淡忘,但有的事却会因为忽略而变得越来越糟,所以要鉴别:我的烦恼可以置之不理吗?①分清烦恼的类别 ②解决必须处理的事 ③忘却不快的烦恼

明天要交计划书,让我很烦恼,我干脆忘掉它算了。

喂!你要是忘掉了计划书,老板可能就会忘掉你哦!

设法转移注意力

转移注意力,是忘记过去的好办法。不管采用何种办法,我们都可以让自己变得忙碌,投入地做一件事,这样就不会有时间去回忆了。

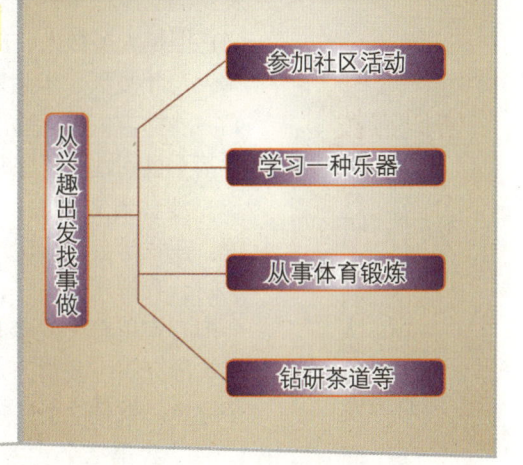

从兴趣出发找事做
- 参加社区活动
- 学习一种乐器
- 从事体育锻炼
- 钻研茶道等

闲暇时也别让自己思考

如果忙碌了一阵,结果闲下来又想起不愉快的事,等于就前功尽弃了。所以即便是闲暇的时间,也应该去做一些事情,尽量不要回忆往事。

◆看电视和电影 ◆洗衣服 ◆整理房间
◆在室内锻炼身体 ◆打电话聊天

哎呀!我的烦恼太多了,怎么都睡不着?

是吗?我回家做完家务,然后练习瑜伽,感觉累了就休息,没有时间烦恼啊!

尽量让时间冲刷过去

很多事情等到时过境迁之后就会被淡忘。当初强烈的悲伤或忧郁,会随着时间而逐渐淡化,所以我们要坚持一个原则:忙碌也需长期坚持下去。

你家的爱狗去世了,我深表遗憾!

嗯?这是什么时候的事啊?你不说我都忘记了。

6.利用概率，排解忧虑

你是否有过这样的担心：担心出门时被车撞、担心自己乘坐的飞机会像电影里一样坠毁、担心下雨天时会被雷击，甚至担心自己有一天会突然猝死……然而，我们会发现一个有趣的现象，那就是所有担心的事情中，有99%是完全不会发生的。从概率的角度出发，也就是说我们99%的担心毫无意义；但是大多数人，却依然被这些不可能发生的事情困扰着。

一年夏天，卡耐基先生在加拿大遇到了何伯特·沙林吉夫妇。沙林吉夫人平静而沉着，仿佛从来没有忧虑过。一天，卡耐基不禁问她："您有没有因忧虑而烦恼过呢？"

沙林吉夫人说："说起忧虑，我的生活差点儿被忧虑毁掉。在我学会克服忧虑之前，我在忧郁的苦海中生活了11年。那时，我脾气很不好，经常处于紧张状态。出门买东西时，我会担心家里着火或者佣人跑了；孩子们出门，我担心他们会被汽车撞死……我常因发愁而烦恼，甚至冲出商店，跑回家去看个究竟。就是这个怪癖，导致我第一次婚姻失败。"

"我第二个丈夫是一个律师，他遇事冷静，从不为任何事情担忧。每当我紧张或焦虑时，他就对我说：'不要慌，让我好好地想一想，你担心的到底是什么呢？我们来分析一下概率，看事情是不是有可能发生。'"

"记得有一次，我们在新墨西哥州的公路上遇到了暴风雨。路很滑，车子很难控制。我当时想，我们一定会跌到路边的沟里，但丈夫一直对我说：'我开得很慢，不会出事的。即使车子跌到沟里，我们也不会受伤。'他镇定的态度，让我平静了下来。然后他接着说：'根据概率，这种事情不可能发生。'这句话打消了我90%的疑虑，并且让我在过去20多年中，生活得美好而平静。"

沙林吉夫人的经历，或许可以给我们一些启发。我们不妨在担心某件坏事即将发生时，问自己一个问题："从概率的角度来讲，这件事会不会发生呢？"如果我们发现这件事发生的概率微乎其微，那么大可不必庸人自扰。有句老话："很多烦恼，都是自找的。"一点儿也不假，既然很多事情都不会发生，我们何必自寻烦恼呢？

密码点拨

- 有时，我们认为会发生的事，往往都不会发生。
- 别把目光停留在当下，想一想以后，或许现在的烦恼便不复存在。

第五章 拥有宇宙般强大的 内心能量，战胜忧虑

有趣的概率

什么是概率？

概率就是一件事发生的可能性。

丢硬币的概率

丢10次硬币，或许正反面出现的次数不等，但是假如丢上1000次硬币，那么正反面的概率就非常接近1∶1，丢的次数越多，概率就越接近这个数值。生活中的概率和丢硬币是一个道理，很多我们担心会发生的事，发生的概率往往非常低。

丢10次，比如概率4∶6或3∶7，右边是1000次，概率接近1∶1

什么交通工具最安全

飞机失事的概率＜火车和汽车（车祸的概率）＜骑车和走路（遇到危险的概率）

有趣的概率统计

◆ 在家中受伤的概率是1/80；
◆ 家中成员死于突发事件的概率是1/1000；
◆ 死于道路交通车祸（乘坐车辆）的概率是1/5000；
◆ 行人被汽车撞死的概率是1/40000；
◆ 死于火灾的概率是1/50000；
◆ 溺水而死的概率是1/50000；

◆ 因中毒而死(不含自杀)的概率是1/86000；
◆ 骑自行车死于车祸的概率是1/130000；
◆ 吃东西被噎死的概率是1/160000；
◆ 被冻死、热死的概率是1/1500000；
◆ 被动物咬死的概率是1/2000000；
◆ 被龙卷风刮走而摔死的概率是1/2000000。

7.学会适应不可避免的事

汽车轮胎在最初诞生的时候非常坚硬，看起来可以抵抗来自外面的所有压力，没想到一压就碎。后来，人们又制造另一种轮胎，比起"前辈"，它少了一些刚性，多了些柔韧，结果它靠"吸收"外界的压力，一直存在到今天。

如果让我们选择，你愿意做哪种轮胎呢？有时候，我们难免会遇到不可避免的烦恼或不幸，若是我们肯定它会来，那么就应该像轮胎一样，懂得吸收和适应。

知名的小说家和剧作家布斯·塔金顿总是说："无论人生发生什么事，我都可以忍受；除了变成瞎子，这是我永远也无法忍受的。"然而，他60多岁时，视力出现问题，一只眼几乎全瞎，而另一只眼也几近失明。他最担心的事情终于发生了！

塔金顿绝望了吗？事实上，双眼完全失明后，他说："我发现自己可以承受失明，就像我可以承受别的事一样。如果我五个感官都没了感觉，我依然会继续生活。"

为了恢复视力，塔金顿在一年之内做了12次手术。他知道自己无法逃避，所以唯一能摆脱烦恼的，就是爽快地去接受现实。他拒绝住在单人病房里，而要搬进大病房，和其他病人在一起。他从不忘记幽默，努力让大家开心。

很难想象，一个人在接受12次手术后会变成什么样。如果依然不见天日，恐怕会心生绝望吧？然而，看不到光明却让塔金顿了解到生命所能带给他的都是可以接受的。

我们不可能改变那些不可避免的事，但我们可以改变自己。环境不能让我们快乐或不快乐，只有我们对环境的反应，才能决定自己的感觉。有的人看见半瓶酒，会说："唉！怎么只剩半瓶酒了。"而有的人却说："真好，还有半瓶酒呢！"

已故的乔治五世，在白金汉宫的房里留下这样几句话："让我不要为月亮哭泣，也不要因什么事情而后悔。"叔本华也说："能够顺从，就是你在人生旅途中所做的最重要的一件事。"由此可见，当我们遇到无法避免的事情时，一定要告诉自己：我可以接受这一切，我可以保持乐观；如此一来，就没有什么忧虑可以打败你坚强的意志了。

密码点拨

- 接受事实和逃避事实，会有两种不同的结果。
- 如果烦恼让你无法躲避，那就试着去正视它。
- 坚强的意志，并不是单纯指不服输的精神，它还包括了忍耐和蛰伏。

第五章 拥有宇宙般强大的内心能量，战胜忧虑

如何接受现实

退一步，看清状况 → 如果现实非来不可，我们大可不必惊慌失措，最重要的，就是尽量冷静下来，看清形势，分析状况，切莫糊里糊涂地悲伤。

思考几个问题
1. 事情的起因是什么
2. 对我有什么影响
3. 我可以承受的底线是什么

> 这些事真的很烦，让我都睡不好。

> 还不是你违规行车造成的吗？不过你还好，没有少胳膊少腿，而且几个月后又可以活蹦乱跳了。

客观看待现实带来的后果 → 我们一定要有清醒的认识，现实的后果会是什么。只有这样，我们才能客观地去面对每一种可能，否则绝望就会吞噬所有希望。

假如遭遇了车祸

车祸的后果 → 身体留下残疾 → 对策 → 只要不截肢，那么最多走路有些不便，不过可以通过辅助治疗恢复，对日常生活也不会产生太大的影响……

车祸的后果 → 丢掉工作 → 对策 → 丢掉工作没关系，和上司的关系还不错，可以让他帮忙写一份推荐信，出院以后找工作，其实也不是什么难事……

不必太过自责 → 过分的自责，是我们战胜困难的最大劲敌，因为我们很容易让自己走入绝路。所以摆脱自责，是一项极其重要的工作。

> 唉！都怪我不好，才会违规驾车，当初怎么就不好好想想呢？

> 谁不会犯错啊？你只是运气不好罢了。再说，你不是活得好好的吗？

让生活继续 → 很多人无法越过忧虑的障碍，就是想不到今后的生活该如何继续。其实只要我们度过了最初的那段伤痛，会发现生活依然会朝着前方迈进。

勇于接受现实的人，是一片光明。

难以接受现实的人，止步不前。

一首催人奋进的打油诗

天下疾病多，数也数不清，有的可以救，有的治不好。

如果还有救，就该把药找，要是没法治，干脆就忘掉。

91

8.让忧虑到此为止

查理斯·罗勃兹是一个投资顾问,当年他刚从得克萨斯州来到纽约,带着两万美元,这是朋友托他投资股票市场的钱。罗勃兹原以为对股票市场很了解,但是最后却赔得精光。如果这个钱是自己的,那么倒还无所谓,现在怎么办呢?但罗勃兹的朋友们却非常大度,没有责怪他的意思。

从此,罗勃兹开始总结自己的错误。不久,他认识了一位非常成功的预测专家波顿·卡瑟斯,卡瑟斯告诉罗勃兹一个重要的原则:所买的股票,都有一个"到此为止"的限度。例如,买的是50元一股的股票。那么就要规定最低的赔本线是45元。这也就是说,万一股票跌价,跌到45元的时候,就要立刻卖出去,这样一来,损失就控制在5元之内。

罗勃兹很快就将这套办法用于实践,每买一支股票,都要设立一个"停损点",也就是跌到预计的程度,就马上抛售,不再继续观望。这个办法屡试不爽,罗勃兹不仅将炒股的风险降到了最低,而且为客户创造了可观的收益。

后来,罗勃兹发现,"到此为止"的原则,不仅适用于股市,还可以应用在生活中的其他方面。如果在每一件让人烦恼的事情上加一个"到此为止"的限制,那么烦恼就可以不知不觉地离你而去。

我们有时候往往让烦恼的持续时间过长,没有一种"到此为止"的决心。如果我们因为失去一只爱犬而悲痛,那么也应该告诉自己:我的伤心只能持续一周,一周以后,我会像之前一样生活。这样做很多人会觉得不近人情,实际上,"到此为止"并不等于忘记一切,你有回忆和缅怀的权利,但是不能让悲伤占据太多的时间。

设定一个界限,就是为了告诉自己:这个界限之后,我要继续前进,不能再被忧郁所困扰。只要做到了这一点,那么生活中纷繁复杂的事情,又怎么能影响我们的心情呢?即便是天大的不快,只要到了我们的"界限",自然就偃旗息鼓了。

"不要为已经发生的事情过度的悲哀"就是"到此为止"最好的解释。

密码点拨

- 无止境的悲哀,对我们毫无用处。
- 或许有时悲痛可以强大到让我们难以忘怀,但它终究是会过去的。
- 被石头绊倒而不肯爬起来的人,永远看不到前面的风景。

如何设定"到此为止"的界限

一、目前正在担心的问题，和我有什么关系？

◆有时候我们往往在担心一些不必要的事情，到头来才发现这些事情和我们自身其实没有多大关系，为了避免这种情况，我们要习惯问自己："对我来说，这件事有必要烦恼吗？"

据说明天的天气不好呢！真是影响我的心情。

明天你要出门或者出游吗？

我打算待在家里。

既然这样，天气好不好，值得你担心吗？

二、设定忘掉忧愁的期限，然后把它忘掉。

◆期限的设定很重要，我们一定要给自己一个合理的假设。如果期限太长，那么"到此为止"的界限就形同虚设，没有什么意义。如果期限太短，那么无疑又违背了自己的承受能力。

忘掉失恋的痛苦，大约要两个星期；忘掉失去晋升的机会，大约要半个月。也就是说，15天以后，我就会和当初一样快乐。

三、衡量一下，是否值得为忧虑付出大的代价

◆有的人面对忧虑，可能会表现得较为极端。比如，会把自己锁在家里，闭门谢客，不和任何人来往，甚至会辞去工作，远走他乡。然而，这些代价真的值得吗？

这次晋升失败，对我打击很大，我决定辞去职务，然后离开这座城市！

你觉得这样做值得吗？

为什么不值得呢？

辞职，也就意味着，你在公司里积累的东西瞬间化为乌有；况且离开这座城市，也无法帮你忘记这一切，而且你还有可能失去自己的朋友。

对付爱迟到的人的妙招

如果你的朋友在约会时老是迟到，那么不妨告诉他："以后我等你'到此为止'的时限是10分钟。如果10分钟以后你才到的话，那么即便来了也找不到我。"

注："到此为止"，不仅适用于别人，还适用于自己。

9. 别为打翻的牛奶哭泣

卡耐基先生事业刚起步时，在密苏里州举办了一个成人教育班，由于没有经验又疏于财务管理，在他投入了很多的资金用于广告宣传、租房、日常的各种开销之后，他发现虽然这种成人教育班的社会反响很好，但自己获得的经济效益并不好，一连数月的辛苦劳动竟然没有什么金钱上的回报。

卡耐基为此很苦恼，他不断地抱怨自己的疏忽大意，他整日闷闷不乐，神情恍惚，无法将刚起步的事业进行下去。最后，卡耐基决定去找他初中时的老师乔治·詹森寻求心灵上的帮助。

老师对他说了一句话："不要为打翻的牛奶哭泣。"这句话如同醍醐灌顶，卡耐基的苦恼顿时消失，精神也振作起来。

"牛奶被打翻了，漏光了，怎么办？是看着被打翻的牛奶伤心哭泣，还是去做点别的？记住，被打翻的牛奶已成事实，不可能重新装回瓶中，我们唯一能做的，就是找出教训，然后忘掉这些不愉快。"这段话，卡耐基经常对学生讲，也对自己讲。

"别为打翻的牛奶哭泣(Don't cry over spilled milk)"是英国一句古代的谚语，意即事情已不可挽回，就别再为它苦恼了。看似简单的一句话，却意义深刻，它其实是告诉我们一种对待错误、失误的心态。而我们中国也有"覆水难收"这个成语，可见中西方的智慧再次不谋而合。古老的谚语，说起来真的很轻松，却很少有人做到。

心态不一样，看待问题就不一样，结果就不一样，我们虽然不可能改变三分钟之前发生的事情，但可以设法改变三分钟以前发生事情所产生的后果。鸡蛋破了就破了，任凭你怎么看着它，想着它，你都不可能使它重新变成一个完整的鸡蛋，还不如挥挥手，潇洒地对自己说："破了就破了吧。"然后又投入到新的生活中去。如果心里整天想着它，怎么也挥不去那个阴影，怎么也摆脱不了懊悔，为此辗转反侧、无法入眠，这样就放大了痛苦，带给自己的将是更大更多的失误。

有句谚语叫"不要试图去锯那些早已锯碎的木屑"说的正是此意，需要我们大量投入精力的，不是过去，而是现在。

密码点拨

- 当你在为那些已经过去的事忧虑的时候，你不过是毫无意义地在锯一些木屑。
- 为过去悲哀，不如为明天祈祷。
- 不肯丢掉过去的人，想必也无法改变悲哀的命运。

第五章 拥有宇宙般强大的 内心能量，战胜忧虑

让往事随风的三个良方

善于倾诉

◇当你遭受到沉重打击时，最好的排遣方式就是倾诉，这样能缓解打击带来的伤害。如果你选择把它深埋在心里，那么悲伤情绪会在你心中形成一种痼疾，甚至会伴随你一生。

倾诉的好处
将心底埋藏的事情告诉亲朋好友，就可以让压力得到释放，通常倾诉过后，会感觉轻松很多。

倾诉的好处
对朋友倾诉往事，往往能引起对方的共鸣，这样就会消除心中的孤独感，获得心灵上的慰藉。

倾诉的好处
倾诉的附带效果，就是从对方那里获取解决问题的办法，这有助于我们拓宽自己的思路。

保持幽默

•幽默的人

听说你丢了一辆自行车！

谁说的？我没有丢啊，我是借给那个小偷骑的，说不定哪天他还会还给我。

•不幽默的人

听说你丢了一辆自行车！

是啊，简直无法无天，看我抓住小偷以后怎么教训他！

◇幽默并不是谁的专利，没有谁天生就懂幽默。幽默其实是一种心态，有的人即便遇到了不幸的事，也可以自我解嘲般地开玩笑。这其实是一种摆脱往事的好办法。

别在当下制造更多的痛苦

◇莎士比亚说："聪明的人永远不会坐着为自己的损失而悲伤，却会很高兴地去找出办法来弥补创伤。"可见，即便烦恼缠身，我们也应该尽量把握当下的时光。

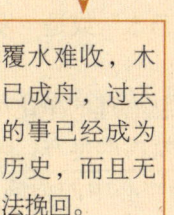

过去	现在	未来	光阴似箭
覆水难收，木已成舟，过去的事已经成为历史，而且无法挽回。	这是我们可以把握的时间。我们可以用方法去改变现状。	未来并非不可预测，当下要怎么做，会直接影响明天和未来。	

95

10. 让忧虑彻底消失

在 1930年，约瑟夫·普雷特博士发现了一个问题：前来波士顿医院就诊的女患者，很多人其实根本没有得病。然而，有个女病人却认为自己得了关节炎，导致双手无法活动，另一个患者，则认为自己得了胃癌。还有很多人表示有头疼、腰疼的毛病。经过彻底的医学检查，医生发现这些妇女在生理上完全正常，因此最后得出的结论是："或许她们的脑子不正常。"

普雷特博士却认为，单纯地告诉这些人"你没有病"，或许并不能取得良好的效果。所以他开办了一个"应用心理学"实验班，希望能根治这些患者心理上的疾病。一开始，医学界怀疑这种方法根本不能奏效，但是事实证明，很多人接受治疗以后，"疾病"都痊愈了。有一位妇女，刚来的时候，深信自己得了肾炎和心脏病，这使她常年忧虑，有时甚至会突然失明。可现在她不但身体健康，而且即便有了孙子，看上去却只有四十来岁。

医药顾问罗丝·海芬婷大夫认为，排解忧虑最好的办法就是"和你信任的人谈论你的问题。"原来，"应用心理学"实验班的秘诀，就是让这些病人倾诉自己的心里话，倒出苦水，让心灵得到净化。心理的负担消除了，那些所谓"生理上的疾病"也消失得无影无踪。难道倾诉真的那么重要吗？

实际上，心理分析取得的疗效就是靠语言的沟通。从弗洛伊德的时代开始，心理分析家就明白，只要一个病人可以开口说话，那么就能够解除他心中的忧虑。这是为什么呢？或许是因为说出来之后，我们可以更清楚地认识问题所在，能够找到更好的解决方法。然而目前尚无人知道确切答案，可我们都知道"倒出苦水"或是"发泄一番"，就能使人感觉心情舒畅。

我们必须承认心理的净化对身体的影响，在这前提下，我们才能得到排解忧虑的良方。倾诉是一种很好的心理治疗法，目的就在于"清空心中的烦恼"，相当于医学上的"排毒治疗"。因此，当我们觉得心中压抑时，不妨对自己的亲朋好友倾诉一番。

密码点拨

- 忧虑可以通过倾诉来排解。
- 发泄，其实也是一种治疗方法。
- 长期压抑，而无处排解，有可能会导致各种疾病。

让忧虑消失的方法

将感悟写在本子上

◆如果你有想到什么好点子和高兴的事,那么不妨在本子上记下来,当你觉得忧郁的时候,拿出来看一看,回顾一下心路历程,哪有忧郁存在的时间啊。

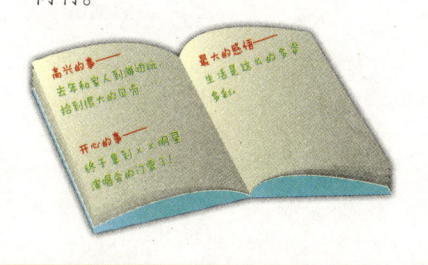

不要太计较

◆凡事都斤斤计较的人,日子一定苦不堪言。因为他们时时刻刻都在为自己看不惯的事而忧愤,无法和人友好地相处,烦恼怎会离你而去呢?

对待家人
多一些体贴,即便丈夫(妻子)有什么不完美的地方,也要懂得包容,这样才能避免发生矛盾。

对待朋友
首先要真诚,不能居高临下地和朋友相处。其次要懂得体谅,不要对朋友要求太苛刻。

关心身边的人

◆如果一个人太过保守,那么很可能缺少朋友的关怀。关怀是相互的,如果你对别人冷淡,别人也不会在你烦闷的时候花时间听你倾诉。

听说你孩子最近咳嗽,我这里有一个偏方,你试试吧。

哎呀,真是感谢你啊!(心想:她还真是细心周到呢)

善于计划

◆今晚上床之前,先安排好明天的工作。这样就避免明天手忙脚乱地去应付繁忙的工作,烦恼往往就是伴随着忙乱而来。

计划的好处
- 游刃有余地处理第二天的工作,不会手忙脚乱。
- 不会因为手忙脚乱而遗忘事情,导致不必要的麻烦。
- 可以节约不少时间,放松紧张的神经。

懂得放松

放松身心的六个方法

一、只要觉得疲倦,就平躺在地板上,尽量把身体伸直。

二、闭起你的眼睛,清除杂念,让心情保持平静。

三、如果坐在直背椅上,那么可以把双手平放在大腿上。

四、慢慢地将脚趾蜷曲起来,让它们放松,然后收紧腿部肌肉,再放松。由下至上,放松身体的每一部分。

五、可以练习印度的瑜伽术,学会规律地呼吸,放松心情。

六、尽量抹平脸上的皱纹,松开紧锁的眉头,不要抵嘴。

本章重点

1. 保证睡眠品质，精神百倍
2. 弄清疲惫的原因
3. 学会如何消除工作的烦恼
4. 拥有良好的工作习惯
5. 有效地防止烦恼产生
6. 别为小事烦恼
7. 战胜失眠

第六章 保持朝气与活力，让热忱为效率服务

1.如何保证精神百倍

如今，很多工作繁忙的人都有一个通病，那就是身心疲惫，他们经常觉得自己精神不好，做事无法集中精力，继而影响工作效率。面对这一现象，很多人得出的结论是：休息时间不够充裕。但想要处理疲惫和忧虑，有一条规则：那就是经常休息，且最好在你感到疲倦以前就休息。

美国陆军做了很多次实验，证明即使是军事训练过硬而且身体强壮的年轻人，如果不带背包，每小时休息10分钟，那么行军的速度会明显加快。我们再来看一看自己的心脏，人的心脏每天的血液流量，足够装满运油车的油罐。心脏背负着如此之大的工作量，怎么可能坚持50年、70年甚至90年呢？想一想都觉得不可思议。哈佛医院的华特·坎农博士解释道："很多人认为心脏整天都在不停地跳动。事实上，在每次收缩之后，它会静止下来休息一段时间。也就是说，当心脏按正常速度每分钟跳70下时，它一天的工作时间只有9小时，而它的休息时间则是15小时。"

第二次世界大战时，丘吉尔已经60多岁了，但他却可以每天工作16小时，他究竟有什么秘诀呢？丘吉尔每天早晨会在床上工作到11点，而午饭之后，他还要睡一小时。晚上8点的晚餐前，他还会在床上睡两小时。他并不是要消除疲劳，因为他的疲劳在产生之前就已经被杜绝了。因为丘吉尔经常休息，所以他可以精神百倍地一直工作到半夜。

知名的石油大亨洛克菲勒也创造了两项惊人的纪录：他的财产在当时排名世界第一，而他活到了98岁。很多人会说，长寿主要是因为遗传。这点不假，但是洛克菲勒有一个良好的习惯，那就是每天中午，他都会在办公室睡半小时午觉，这时哪怕是美国总统打来的电话，他也不会接。

总的说来，要想保证精神百倍，并不是说延长单次的睡眠时间。单次的睡眠时间和精神状况并不一定成正比。有的人一次睡眠时间长达12个小时，可依然是昏昏沉沉，提不起精神。因此，最好的办法就是经常休息，照你心脏工作的方法去做：在疲劳之前先休息。这样就能使你每天精力充沛。

密码点拨

· 睡得越多，不一定精神越好。
· 消除疲劳，不必等到疲劳产生后，而可以未雨绸缪。
· 遵循身体的规律调整作息，就是最好的养生。

如何保证睡眠品质

尽量避免噪音干扰

噪音是影响睡眠品质的罪魁祸首，很多有失眠症或者神经衰弱的人，都对噪音非常敏感。所以最好保持卧室安静，如果不行，可以试用耳塞。

噪音：不要睡临街的卧室；关紧水龙头；关紧门窗

安静：舒适的睡眠环境

室内光线尽量偏暗

黑暗的环境有助于睡眠，人体有感知周围环境的能力，如果睡觉时周围很亮，那么生理时钟就会误认为是白天，从而影响了正常的生理调节。

营造"黑暗"的三个办法

养成关灯睡觉的习惯
拉上窗帘，隔绝外界光线
关闭指示灯太亮的电器

保证床的舒适度

如果床太硬或者太软，都会影响睡眠的品质。所以最好的办法就是选择适合自己的床垫，保证舒适的睡眠环境。

怎么睡了一觉起来，感觉腰酸背痛啊？

一定是你的床有问题，换张床垫吧！

减少刺激类食品的摄入量

烟、茶和咖啡，以及刺激性的食品，都可能会造成身体不适，影响睡眠的品质。

咖啡因可能会造成精神兴奋
茶碱也有提神的作用
太辣的食物会引起胃部不适
太咸的食物会造成口渴

适当地做一些运动

运动有助于睡眠，因为轻度的疲劳，可以通过睡眠得到恢复和补偿，对失眠有辅助疗效。

适度疲劳，锻炼身体，有助于睡眠
只有心态平稳，可以缓解焦虑和抑郁的情绪，才能安然入睡

2.到底是什么让你疲劳

让我们觉得身心疲惫的到底是什么？有的人会说，是体力上的损耗，有的人认为是大量用脑造成了疲劳。然而，科学实验的证明为：单纯用脑并不会产生疲劳。

很多心理治疗家认为，我们之所以感到疲劳，多半是由精神和情感因素引起的。英国知名的心理分析学家哈德菲尔德在他的《权利心理学》中说："我们感到的疲劳，有一大部分都是心理影响的结果。事实上，生理造成的疲劳是微不足道的。"

美国心理分析学家布列尔博士说："一个健康状况良好的脑力劳动者，他的疲劳百分之百为心理或情感因素所致。"

究竟哪些因素会导致疲劳呢？当然是烦躁、懊恼、焦急、忧虑等。这些情绪会让人容易罹患感冒，使人无心工作。我们之所以感到疲劳，是因为我们的情绪非常紧张，从而让身体不堪负荷。大都会人寿保险公司指出："忧虑、紧张和不安，是导致疲劳的三大原因。"

那么，为什么从事脑力劳动时，也会产生紧张的情绪呢？何西林说："几乎所有的人都坚信，越难的任务就越应该加倍努力，否则就做不好。"所以我们一旦集中精神，就不由自主地皱起了眉头，并且让所有的肌肉都处于紧张状态。然而事实证明，这样做没有丝毫的功效。

如果我们不想让自己身心疲惫，那么就应该在面对困难的时候放松、再放松。

这看上去并不容易做到，因为这个习惯可能要花一生的时间去养成，然而这样的努力却是值得的。威廉·詹姆斯在《论放松情绪》一文中说："过度紧张、坐立不安是一种坏习惯，绝对的坏习惯。"因此紧张是一种习惯，放松也是一种习惯，而坏习惯应该改正，好习惯应该坚持下来。

怎样才能放松？全身最重要的器官，无疑是眼睛。芝加哥大学的艾德蒙·杰可布森博士说："如果你能完全放松眼部肌肉，就可以忘记所有的烦恼。"因此放松情绪，首先应该先从眼部肌肉开始，然后用同样的方法放松脸部、颈部，以及整个身体。如此一来，你会发现原来疲劳居然那么快就离开了你。

密码点拨

· 焦虑和忧郁，可以导致疲劳。
· 放松身心的第一步，就是放松全身的肌肉。

如何放松身心，摆脱疲倦

尽可能地抛开烦恼

卡耐基如是说：我从来没看见过疲倦的猪，也没有看到过患精神分裂症、风湿病，或者因为焦虑而得胃溃疡的猫。如果你能学会像猫那样放松自己，那么就能抛开烦恼了。

你买的房子又跌价了！ ●乐观的人 是吗？那总有涨上来的时候吧。

你买的房子又跌价了！ ●悲观的人 是啊，又亏了！怎么办啊？

保持舒适的工作姿势

卡耐基如是说：要在工作时保持舒服的姿势。要记住，身体的紧张会导致肩膀疼痛以及精神疲劳。

●何为舒适的工作姿势？
1. 在办公室里，坐姿很重要，坐姿不良会导致腰部肌肉酸痛，或者颈部、肩部疾病。 
2. 可适当利用靠垫，尽量使腰部放松。
3. 长时间坐在办公桌前，也应该适当地站起来活动一下，缓解肌肉紧张。

不要高估工作对自己的重要

卡耐基如是说：每天自我检查五次，扪心自问："我有没有让工作变得更繁重？我有没有使用一些和我的工作毫无关系的肌肉？"

对困难估计过高
↓导致
不必要的劳累

- 付出超过正常水准的劳动力，无形之中增加了工作量，导致疲劳。
- 繁重的工作，容易使工作效率降低，影响自信，产生恶性循环。

重新评估做事的方法

卡耐基如是说：每天晚上检查一次，问问自己："我到底有多疲倦？如果我感觉疲倦，这不是我过分疲惫的缘故，而是因为我做事的方法不对。"

昨天终于发现，原来输入一个命令，就可以批量处理表格哦！

看来你找到了让自己轻松工作的办法了。

◆如果感到做每件事都非常吃力，而且长时间都没有起色的时候，就要停下来想一想，我的做事方法是不是存在问题？

3.怎样消除工作的烦恼

纽约州纽约市袖珍图书公司的董事长里昂·西蒙金，曾经为了工作的事情备感烦恼。在过去的15年间，他几乎每天都要花很长的时间开会，和大家讨论问题，会上员工们都很紧张，而且开完会，西蒙金也感到筋疲力尽。他总是在想一个问题：有没有办法可以减少开会的时间，而且消除自己的紧张状态？经过长时间的思考，西蒙金制订出一个行之有效的方案，并且一用就是8年，屡试不爽。

西蒙金的秘诀，总结起来有以下二点：第一，先让同事们把问题陈述一遍，然后问："我们该怎么办？"；第二，如果有人向西蒙金提问题，那么必须先准备好一份书面报告，回答以下四个问题：1.究竟哪里出了问题？2.问题的起因是什么？3.这些问题可能有哪些解决办法？4.你建议采用哪种办法？

这个办法实行后，开会时间不仅大幅减少，而且解决问题的效率明显提升。在开会讨论时，大家已经通过以上步骤，将问题的前因后果整理了一遍，并且有了初步的解决办法，那么他们要和西蒙金讨论的，不外乎是如何解决问题，而不会在弄清问题的缘由和过程上花太多的时间；如此一来，不但讨论问题的过程井井有条，而且最后都能得到明智的结论。

西蒙金的行事方法对我们是不是有所启发呢？或许很多人在处理问题时，和西蒙金以前的办法很相似，先是就问题的前因后果进行讨论，期望在"集思广益"的过程中得到问题的解决办法；然而这种方法会带来几个弊端：（1）众人对问题的看法不一，很可能花了几个小时，也没能弄清楚问题所在；（2）众口不一，很难从一大堆言论中发现问题的起因；（3）辩论的结果往往是争得面红耳赤，但却无法拿出行之有效的办法。

这就是工作烦恼的所在，因为若按照传统，你无法找到行之有效的解决办法。我们消除这些忧虑，最重要的一点就是厘清思路，找到问题的根本。慌乱和盲目行事，不仅无法带我们冲出迷雾，反而会让我们越描越黑，不仅徒增无数烦恼，而且还摸不着解决问题的头绪。所以，假如你感到工作中的烦恼越来越多时，不妨效法西蒙金；这样一来，局面一定会大有改观。

密码点拨

有时候，困难来自于没有规律的做事方法。排解工作中的困难，最重要的就是找到问题的根本。

找到解决办法的前提，是要认识问题产生的原因。

第六章 保持朝气与活力，让热忱为效率服务

消除工作烦恼四部曲

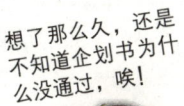

问题是什么？

— 想了那么久，还是不知道企划书为什么没通过，唉！
— 你再想想，企划书的主题明确吗？

这是从工作的烦恼中跳出来的第一步。我们首先要去分析：我面临的问题究竟是什么？有时，纷乱复杂的情况可能会影响我们的判断力，但总的原则只有一个：什么问题才是最重要的！

问题的成因是什么？

— 到底是什么原因导致生意失败呢？
— 我想应该是对客户和市场缺乏了解。

找到问题所在，接下来我们就要分析，导致问题的原因是什么？有时候，这比发现问题还要重要；因为原因可以让我们找到症结所在，从而为制定解决办法提供依据。

解决问题的方法有哪些？

— 有什么办法可以挽回损失呢？
— 我能想到三个，要么直接告诉客户结果，承担损失；要么重新做一次；再不行就追加一点预算，最大可能地挽回损失……

将问题的原因弄清楚之后，就需要来寻找解决的办法。这是打开思路的第一步，我们需要考虑各种情况，并提出见解。此时不需要做鉴别的工作，只须讨论解决问题的可能性。

你建议用哪一种方法？

— 办法倒是不少，但哪个办法最好呢？
— 我觉得第三个最好，虽然追加了一点预算，但是不仅可以完成任务，而且不会给公司带来损失。

首先我们要明白，解决问题的办法只有一个，我们不可能同时采用几种办法，就好比从A点到B点的直线距离最近一样，我们要从诸多方案中，选择一个最行之有效的办法。

4.保持良好的工作习惯

有很多时候，我们都被一堆事情搞得晕头转向，而这往往是因为我们不得要领，没有从效率的角度出发去做事。试想一想，一个成天忙乱的人，可能没有烦恼吗？可见养成良好的工作习惯至关重要。

第一种良好的工作习惯：扔掉所有纸张，留急需处理的文件。如果桌子上堆满了信件、计划书和备忘录之类的东西，足以让人感到紧张和焦虑。而且，你会觉得自己有无数的事情要做，但是时间根本就不够。这种焦虑的情绪，有可能会导致高血压、心脏病和胃溃疡。

第二种良好的工作习惯：按事情的轻重缓急来办理。

查理斯·卢克曼，原本只是一个默默无闻的人，然而在12年内，却变成了培素登公司的董事长。卢克曼说："要说有什么秘诀，那就是我每天早上5点钟起床，那时我的头脑非常清醒。这样我可以详尽地计划一天的工作，按照事情的轻重缓急来分别处理。"

事情越积越多，有时候就是欠缺条理造成的。重要的事情先处理，是有序工作的前提。

第三种良好的工作习惯：决定要果断，不要迟疑。

美国钢铁公司的董事霍华，鉴于董事会开会时间过长的问题，提出了自己的建议：每次开会只讨论一个问题，然后立刻下结论，绝不拖延。改革非常有效，很多问题都得到了解决。有时候，我们信奉"深思熟虑"的法则，遇事都要思考半天。然而有时候，问题一旦拖延，就会衍生出许多新问题，让我们措手不及。因此当机立断，就显得尤为重要。

第四种良好的工作习惯：学会如何分配权力。

很多人做了主管以后，依然保持事必躬亲的作风，什么事情都想自己来，舍不得把权力交给别人，结果总是忙碌且心情紧张烦闷。也许你会说："把权力下放，如果下面的人不能很好地完成，那不是要浪费更多时间吗？"但假如不能建立有效的管理体制，那么作为主管，你将永远感到紧张和疲劳。

> **密码点拨**
> · 工作有序，一定要懂得分清轻重缓急。
> · 如何分配权力，是完善企业制度的根本。

第六章 保持朝气与活力，让热忱为效率服务

提高工作效率

学会"偷懒"
这里的偷懒和"怠工"是两码事。找到对的工作方法，不但可以节省工作时间，而且可以提高工作效率。

当工作遭遇瓶颈
停下来想一想，有没有办法可以更省力

有时候一个简单的改变，就可以让工作效率大大提高。

计划

手足无措	有条不紊
计划改变，时间增加	尽可能地节省了时间

哎呀！我的天，这些工作什么时候做得完啊！

既然如此，那你为什么还不赶快动起来呢？

先做最难做的事情
或许你认为先做简单的事比较好，但难事越积越多，处理问题的信心和勇气就会大打折扣。

◆ 先易后难
可能会导致难处理的问题越来越多

◆ 先难后易
可以让你游刃有余地安排时间

保持积极的心态
遇事急躁的人，很难在工作当中提高效率，因为他把很多时间用来焦虑，而不是做事。

◆ 要明白一点，急躁和不安，并不能让情况得到好转。你要做的，是尽量保持平静的心态去思考，而不是把时间花在无用之处。

别想有什么万全之策
当事情出现时，人们总想想出一个万全之策，但现实往往是计划赶不上变化。

◆ 很多人认为做事之前，一定要想一个万全之策，这样才能提高效率。实际上，计划往往跟不上变化。我们要做的，不仅仅是思考可能会发生什么情况，而且要提高应对突发问题的能力。

没有人可以独自成功
或许你认为自己的能力很强，足以应付所有的困难。但是如果发挥团队的力量，就会事半功倍。

我算了一下，完成这份工作大概要花一个月的时间。

那你有没有算过，如果两个人来做，多久能完成呢？

107

5.如何防止烦恼产生

哈西·霍华在念高中的时候，找了一份兼职工作，也就是在福利社里洗盘子、擦柜台、卖冰激凌。这份工作异常枯燥，霍华觉得自己简直是在浪费青春。因为和他同龄的男孩，不是在玩球就是在跟女孩子约会。虽然他很不喜欢这种工作，但为了生活只得如此。终日郁闷的霍华，忽然产生了一个奇妙的想法。他决定利用工作的机会好好研究一下冰激凌，比如冰激凌有哪些成分，为什么有的冰激凌更好吃。

通过研究冰激凌的成分，霍华成为高中化学课的小专家，从此以后，他对食物化学产生了浓厚的兴趣。高中毕业后，霍华考进马萨诸塞州立大学，开始研究食物营养。

大学毕业后，霍华发现工作很难找，于是就在自己家的地下室里建立了一个私人化验室。不久以后，政府通过了一条新法案：牛奶里所含的细菌数目必须经过严格检查。于是，霍华开始联系业务，为14家牛奶公司检测牛奶，而且还雇了两个助手。

让我们试着想一下，25年之后，哈西·霍华会怎么样呢？或许他也到了退休的年龄，经过这么多年，他很有可能成为这一行里的佼佼者。然而，很多当年从他手里买过冰激凌的同学，却可能穷困潦倒，抱怨找不到好工作。有无数的人卖过冰激凌，然而像霍华这样的人却并不多见，这是为什么呢？其实，让霍华的生活出现转机的，就是他那个看起来不起眼的想法：冰激凌为什么那么好吃？就是这个想法，让卖冰激凌的工作变得不再枯燥，甚至培养了霍华对食品营养学的兴趣。如果霍华没有把一件很没意思的事变得有意思，那么恐怕他也很难找到好工作。

人生最痛苦的事，就是做自己不喜欢做而且不得不做的事。假如你在工作上无法获得快乐，你将会无比苦闷，因为工作将会占去一天中的大部分时间。假如你改变一下思维，努力在工作中培养兴趣，就能将疲劳降到最低，甚至为你带来升职和进一步发展的可能。就算没有得到晋升的机会，但至少你不必在痛苦中度日如年，而且还可以在闲暇时间尽情享受生活。

密码点拨

- 工作枯燥无味的时候，你可以试着培养一些兴趣。
- 让工作变得有意义，是摆脱烦闷的好办法。

如何在工作中寻找快乐

学会情绪管理

工作的烦闷毫无疑问会影响我们的心情，但如果我们带着抵触情绪去工作，那么只可能越来越糟。管理情绪，就好比是睡觉前吃一粒安眠药。

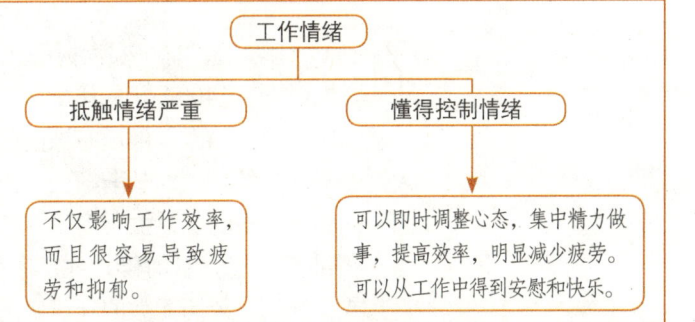

```
              工作情绪
         ┌───────┴───────┐
    抵触情绪严重        懂得控制情绪
         │                 │
  不仅影响工作效率，   可以即时调整心态，集中精力做
  而且很容易导致疲     事，提高效率，明显减少疲劳。
  劳和抑郁。           可以从工作中得到安慰和快乐。
```

这个月又只能完成四个，唉……

完成了四个，比上个月多完成一个，太好了！

给自己设定一个目标

给自己定一个目标，并试着去超越它。在这一过程中，你会发现曾经的倦怠和苦闷都烟消云散，而且能力提高的同时，还会获得更多的机会。

◆ 目标不要太高远，一定要符合实际。比如本月完成三个案子，下月完成四个，这样你才能感受超越自我和能力提高带来的愉悦。

寻找一个提高的方向

在工作中，可以寻找一个提高的方向。假如你在咖啡厅里上班，那么为何不去了解有关咖啡的一切呢？或许你人生的转折就在于此。

◆ 小故事：整天埋在文件里的助理，有天发现自己在计数方面很有心得，于是整天研究，开始学习会计知识，最后成了一名优秀的会计师。

将生活和工作融合

如果你认为工作和生活是截然分开的，那么可能就会因为工作的烦闷而对生活悲观。如果能够让工作和生活融合，不仅可以远离忧郁，还会让人生更有意义。

Ⅰ 假如你是一名科学家，会对成天在实验室里工作而感到无聊吗？

Ⅱ 假如你是一名服装设计师，会因为下班还要去参加设计会而感到绝望吗？

Ⅲ 假如你是一名作家，会因为成天写字而感到疲倦吗？

◆ 把工作变得有趣，根本目的就是投入其中，只有这样，你才可能摆脱困境，并创造新的局面。

6.别为小事烦恼

在一个山坡上，有一棵大树的残骸。一位自然学家说，这棵大树有过400多年的历史。在这段漫长的岁月中，大树曾被闪电击中过14次，但没有被击倒；一小群甲虫的到来，从大树的根部开始撕咬，却渐渐让大树失去了生存的欲望，最后因为这些不起眼的小甲虫而倒了下来。

仔细想一想，有时候，我们不就像这棵身经百战的大树吗？或许我们也经历无数的狂风暴雨和电闪雷鸣，可是却被小小的甲虫打败。有时候，我们太在意身边的琐碎小事，让那些完全没必要担心的事情扰乱了我们的思绪。衡量一下，为小事而寝食难安，值得吗？

安德列·摩瑞斯曾经在《本周》这本杂志中说："我们常常因为一点儿小事，一些本该不去理会的小事而弄得心烦意乱……我们生活在这个世界上，只有短短的几十年，而我们浪费了很多不可能再找回来的时间，去为那些一年之内就会忘掉的小事而忧心忡忡。我们在生活中，应该只去关心那些值得关心的事、去体验真正的感情、去做必须做的事情。因为生命太短促了，不该再去理会微不足道的小事。"

不为小事抓狂，或许我们听到耳朵起了老茧，但是当我们真正遇到无数烦人的小事时，却不由地烦恼起来。我们有时候会因为闹钟的滴答声而睡不着觉、有时候会因为被小刀划伤了手指而烦恼一整天、有时候会因为一点儿小事和别人大吵一通；然而等到事过境迁，我们会发现，这些事是多么的不足挂齿。

卡耐基先生曾经和怀俄明州公路局局长查理斯·西费德先生一起去参观洛克菲勒在提顿国家公园中的一栋房子；但他们走错了路，晚到了一个小时。西费德先生没有钥匙，进不了房子，所以他只好在又炎热、蚊子又多的森林中待了一个小时。等大家到来的时候，西费德先生并没有因为那些蚊子而喋喋不休，而是正吹着用折下的白杨树枝做成的一支笛子，神情悠闲，让人惊讶。

或许，这就是我们面对烦恼时应该效仿的态度，如果那个烦恼完全可以不去理会，你又何必庸人自扰呢？

密码点拨

- 中国有一句名言："小不忍则乱大谋。"
- 如果我们"事必躬亲"，想要亲自处理每件事，那么到头来什么事也处理不好。

如何摆脱小事的困扰

相信世间不存在"完美的概念"

★不要对事情过分苛求，因为世界并不存在"完美"的东西。如果你总是以"完美主义"的态度去看待事物，那么你会发现自己遇到的麻烦越来越多。

宽容地看待一切

★如果我们不能以宽容的心去看待一切，那么你会发现周围的世界有太多的东西让你不满：别人随口的一句话，你都想加以驳斥；对方一个无意的举动，在你看来都是冒犯。所以，把心放宽一些，让你烦恼的事情自然会越来越少。

看待同一件事的不同态度

•不宽容的人
哼！瞧瞧这些年轻人的打扮，不三不四的，像什么话啊！

•宽容的人
啊！这些年轻人真有活力啊！看上去朝气蓬勃！

想一想，这样值得吗？

★有很多事，当时觉得火冒三丈，但是之后才发现，其实完全没有必要发火或烦恼。如果你觉得自己总是被小事困扰，不妨问一问自己："很多年后，我还会在意这些吗？"

钱是赚不完的

★很多人都有这样的想法：今天再工作一个小时，就可以多赚一点钱。当然这种想法无可厚非，但是如果你在生活其他方面也这样想，就会麻烦重重；因为事情是做不完的，你必须在适当的时候告一段落，否则会让自己越来越累。

哎呀！我怎么觉得自己越来越疲惫啊！

工作不能太忙碌，吃不消的时候，不妨休息一下。

不要轻易发火

★易怒是快乐的大敌，而易怒的根本是我们不能很好地控制自己的情绪。其实，控制情绪并不难，如果我们面对恼火的事情，不妨先冷静一下，或许就不会发脾气。有时，把看问题的角度转换一下，有可能会得到不同的看法。

易怒的坏处
•影响身体健康
•影响人际关系
•影响自己的前途

这些事真的很烦，让我都睡不好。

想一下啊！一年以后，你还会在意这些吗？

7.如何远离失眠的困扰

睡眠成了我们每天不得不考虑的事,然而很多人却因为难以入睡而苦恼。当你在黑暗中无法闭眼的时候,是不是在想:"天哪!这个时候还没睡着,明天上班说不定会迟到,而且没有精神,真糟糕……"然而你或许不知道,享誉国际的大律师撒姆尔·安特梅尔,其实一生中没有好好地睡过一觉。

撒姆尔上大学时,就经常为失眠而感到苦恼。到最后实在没有办法,他便下了一个决定:要是睡不着的话,就不用在床上辗转反侧了,而是下床读书。这样一来,他的每门功课都名列前茅,而且成了纽约市立大学的一名奇才。

撒姆尔当了律师以后,仍然没有摆脱失眠症,可是他却一点儿也不担忧。他说:"我想大自然会眷顾我的。"事实果真如此,虽然撒姆尔的睡眠很少,但是他的健康状况却一直很好,而且提高了工作效率,成绩也大大超过了同事。

撒姆尔年仅21岁,年薪已经高达75000美元。1931年,撒姆尔赢了一桩诉讼案,得到了100万美元的酬金,这是历史上律师收入的最高纪录。

很多年过去了,撒姆尔仍然没能摆脱失眠症。每天晚上,他都要花一半的时间来阅读,而且清晨五点钟就起床了。当大多数人睡眼惺忪地开始工作时,他已经将一天的工作完成了一半。撒姆尔一直活到81岁,虽然他一辈子都没能睡上几次好觉,但他却从不为失眠而烦恼,而且取得了超越常人的成就。

当然,并非每个被失眠症困扰的人,都要像撒姆尔一样,选择在睡不着的时候学习。但是,假如能够放下失眠的包袱,顺其自然地调整心态,那么即便失眠不肯离你而去,你的生活也会大有改观。其实,很多人并非无法入睡,而是因为心中背着"失眠"的包袱,从而忧心忡忡,睡眠自然不好。越睡不着就越着急,甚至逼迫自己睡,这样做只能适得其反。

如果你因为睡不着觉而苦恼,那么不妨学学撒姆尔,先彻底忘记"睡觉"这件事,做一些自己喜欢的事情。或许在不知不觉中,困意就会悄悄袭来。想要远离失眠,那么首先要做的,就是远离心中的烦躁。

密码点拨

- 睡眠的质量和人的情绪有很大关系。
- 如果放下心中的包袱,坦然面对失眠,那么你会大有收获。

第六章 保持朝气与活力，让热忱为效率服务

如何不为失眠担忧？

一、转移注意力

◆卡耐基如是说：睡不着就起来工作或阅读，直到打瞌睡。

要领：将注意力转移到其他事情上，不要老想着睡觉。

只要集中注意力，那么时间一长自然会疲倦。

- 看一本书
- 听舒缓的音乐
- 处理第二天的工作
- 看电视剧

二、放下心理包袱

◆卡耐基如是说：没有人会因缺乏睡眠而死，为失眠而忧虑，比失眠带来的损害更大。

要领：不要过于担心失眠的影响。失眠虽是一种病症，但人体具有自我调节的功能，当我们感到疲惫的时候，就会自然进入睡眠状态。医生经过临床试验发现，只要消除了心理因素的影响，很多人的睡眠状况都得到了改善。

哎呀，昨晚又没睡好觉，长此以往，会不会短命啊！

你要是天天这么想，肯定会减寿啦！

三、尽量放松身体

◆卡耐基如是说：或许看一本可以消除紧张的书，会对你很有帮助。

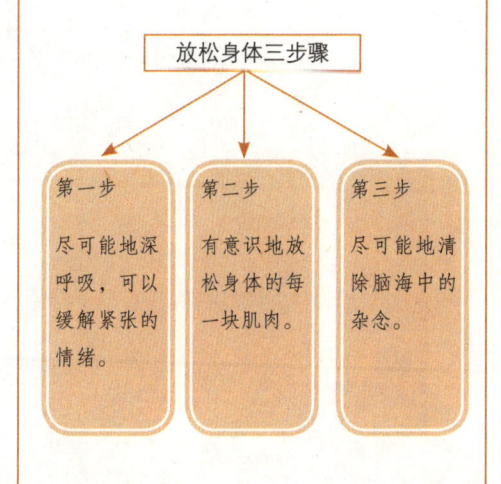

放松身体三步骤

- 第一步：尽可能地深呼吸，可以缓解紧张的情绪。
- 第二步：有意识地放松身体的每一块肌肉。
- 第三步：尽可能地清除脑海中的杂念。

四、多运动

◆卡耐基如是说：运动可以让你疲惫，从而产生睡意。

昨天晚上睡不着，练习了一会儿瑜伽，结果睡得挺香的！

是吗？那我也试试好了。

失眠时，可以做哪些运动？

◇确保运动的强度比较适中。
——不宜做体力消耗过大的运动，特别是在家中，要选择运动范围较小运动，如练习太极拳或瑜伽等。

◇运动不能影响他人休息。
——如果条件允许的话，可以在跑步机上跑步，或者利用健身车健身，总之不能发出太大的噪音。

113

本章重点

1. 改变生活态度
2. 让心胸开阔一些
3. 乐善好施，不图回报
4. 回忆幸福时刻
5. 坚持自己的本色
6. 学会调整心态
7. 试着多帮助他人

第七章 正面暗示，用积极心态打造美好人生

1.态度决定生活

基督教信仰疗法的创始人玛丽·贝克·艾迪可谓享誉四海，然而她曾经也饱经风霜。她的第一任丈夫，在结婚后不久就去世了；而第二任丈夫又抛弃了她，和一个已婚妇人私奔，后来死在一个贫民收容所里。她只有一个儿子，却由于贫穷和疾病，不得不在他4岁那年把他送走。此后，儿子杳无音信，以后有31年之久，都没有再见到他。

一天，艾迪在走路时突然滑倒，摔倒在结冰的路面上昏了过去。由于脊椎受伤，她不停地抽搐，就连医生也认为她活不了多久，还说即便她侥幸活了下来，也没有办法再行走了。

带着绝望，艾迪躺在病床上打开了《圣经》，偶然读到了一段话："有人用担架抬着一个瘫痪患者来到耶稣面前，耶稣对瘫痪患者说：'孩子，放心吧，我赦免你的罪过。站起来，拿着你的褥子回家去吧。'结果那人就站起来，回家去了。"

耶稣的话，忽然产生了一种能够治顽疾的力量。艾迪在坚强意志力的支撑下，立刻下床开始行走。奇迹出现了，她的病一天天好起来，最终摆脱了死神，重获新生。

看完这个故事，可能有人会想：艾迪其实是在宣扬基督教教义。然而，我们不得不正视信仰的力量。我们可以不信某一种教义，可以做一个无神论者。但是假如想要消除忧虑、恐惧和疾病，那么只要改变自己的想法，就可以改变自己的生活。

弥尔顿说："思想本身，以及怎样运用它，可以把地狱造成天堂，或者把天堂变成地狱。"

拿破仑和海伦·凯勒，就是这句话的最好例证。拿破仑拥有了人人羡慕的一切——荣耀、权力、财富，可是他却说："我这一生，从来没过一天感到快乐。"而海伦·凯勒，她又瞎、又聋、又哑，却说："我发现生命是多么的美好。"

如果你真的想要让自己活得健康而快乐，那么就必须坚信思想和意志力可以转变一切不幸和苦恼。"水杯是半空还是半满"，这完全取决于人的态度。如果你凡事都想往坏的方面想，那么这半杯水怎么可能给你带来快乐呢？但如果你积极而乐观，那么这半杯水足以让你感到幸福。

密码点拨

- 悲观者永远不会想到乌云后会有骄阳。
- 意志力的作用，往往超出了我们的想象。

第七章　正面暗示，用积极 心态打造美好人生

快乐的计划——为了今天！

为了今天，我要 活得很快乐！

◆这是西贝尔·派屈吉留下的名言，如果我们能够借鉴其中的智慧，那么一定会大有收获。

不为昨天烦恼

为今天而活的人，才懂得如何让生活更快乐

不为明天担忧

为了今天，我要 适应一切！

◆有时候，我们发现了问题，就会努力去调整，以满足自己的欲望。这样做往往会平添无数的烦恼。与其去调整，还不如去适应。

为了今天，我要 做有意义的事！

◆你可以做一件好事，但是不让别人知道。或者是，做自己以前并不想做的事情，比如锻炼身体。只要是有意义的事，就会让人生越来越充实。

为了今天，我要 爱护我的身体！

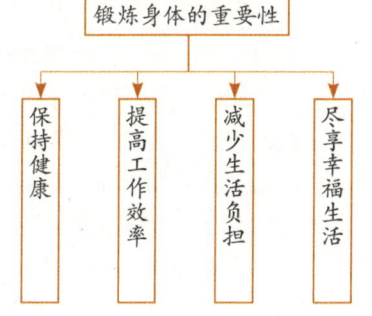

锻炼身体的重要性
- 保持健康
- 提高工作效率
- 减少生活负担
- 尽享幸福生活

为了今天，我要 不断进步！

我今天过得很充实！

为什么呢？

我不但学习了外语，而且还锻炼了身体，每天都在进步！

为了今天，我要 注意形象！

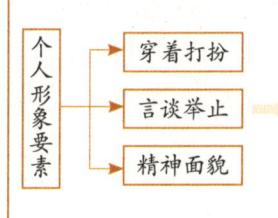

个人形象要素
- 穿着打扮
- 言谈举止
- 精神面貌

→ 这些要素都会影响别人对自己的看法。所以，要想活得快乐，就要做个讨人喜欢的人。

为了今天，我要 制订计划！

◆有计划的人生，才会是快乐的人生。有了计划，才能够保证做事有条不紊，游刃有余。

今天的计划虽然没能完成，但我还是觉得很高兴！

没完成高兴什么啊？

因为我找到了提高工作效率的办法。

117

2.不要存报复之心

嫉妒和报复的心态,在生活中很常见。如果要好的朋友取得了比自己更高的成就,我们心里就会不舒服。为什么祝福的话说不出口呢?嫉妒之心可说人皆有之,我们不用为自己的心理变化而感到可耻或羞愧,因为很少有人能完全克服这种心态。但是,假如我们存报复之心,就要好好反省了。

我们都知道这个典故:当别人打你的左脸时,请把右脸也伸过去让他打。你可能会觉得,为什么要吃这个哑巴亏呢?假如我们放下吃亏的心态,想一想以牙还牙的后果,你会明白报复会带来什么?或许你也会让对方感受同样的痛苦,但这并不意味着事情的终结。报复导致的仇恨,可能会让事情越来越糟,愤恨和烦恼会像滚雪球一样,让你苦不堪言。我们为什么要给自己增添烦恼呢?

乔治·罗纳当了很多年的律师,在第二次世界大战时,他逃到了瑞典。迫于生活,他急需一份工作。乔治精通好几国的语言,所以希望在一家进出口公司做秘书。他写了很多求职信,其中一封回信让他气得暴跳如雷。信中说:"你完全不了解我们的生意,我不需要一个秘书为我处理文书。即使我需要也不会找你,因为你连瑞典文都写不好,通篇错字。"

最令乔治感到不可思议的是,一个瑞典人写信说他不懂瑞典文,但是信中却是错误百出。这真是太可笑了,就好比一个瘸子指责别人不会走路一样。所以,乔治·罗纳当即写了一封信,用非常犀利的言辞,讽刺了这个"无知而可笑"的人,目的当然是让他也大发雷霆。写完信之后,乔治静下来想了想:"等等,我怎么知道这个人说得不对呢?虽然我学过瑞典文,但这毕竟不是我的母语,或许我的确犯了一些错误……"

于是,乔治又写了一封信,感谢骂他的人指出了自己的不足,并且说自己会更努力学习瑞典文。几天后,乔治收到了回信,并且得到了一份工作。

由此可见,抛弃报复之心,事情的结局就会完全不同。当然,或许我们并不能像圣人那样去爱自己的敌人,但如果你想让自己活得健康而快乐,那么至少要学会去原谅和忘记对方。

密码点拨

- 强烈的愤怒和报复的欲望,会让我们失去最基本的判断力。
- 退一步海阔天空,心胸越宽广,烦恼越少。

如何克制愤怒

你简直就是一个固执、愚蠢的人……

（面带微笑，心想：为了健康，坚决不发火。）

坚信愤怒伤身

你真是不可理喻！（发怒的样子，口若悬河）

（心想：换做是我，可能一样会大发脾气。）

推己及人

海纳百川

心生愤恨时……

→ 对好友倾诉，可以缓解心中的压力，还能得到别人的建议。

→ 做一些体育运动，不但能锻炼身体，而且有助于忘记不快乐的事。

→ 投入精力做其他的事，别把时间浪费在烦恼上。

坚信愤怒伤身

愤怒对健康的负面影响，想必人人皆知。因此，在怒气即将爆发的时候，不妨对自己说："消消气，这件事根本不值得发脾气，发火会伤身体。"

推己及人

无论遇到什么事，只要用换位思考的办法，站在对方的角度想一想自己会怎么样，心态很快就能平静下来。

学会宽容

宽容说起来容易，做起来难。但是只要我们养成"退一步想"的习惯，就不会那么容易动怒和滋生报复之心了。

海纳百川

如果大海非常"挑剔"，对每一条河流都斤斤计较，或许早就"海枯"了。

学会排解烦恼

有时候报复之心，就是源于无法排解的愤怒和憎恨。其实我们可以通过很多方法，来淡化和排解心中的怨愤。

3.施恩，但是别图回报

俗话说："受人点滴，必当涌泉以报。"这一点也没有错，但有时候我们施恩于他人，心里会抱着一种期待，期待别人回报我们；即便没有回报，至少应该说一声感谢。然而，这样的愿望并非都能实现，在"期望别人报答你"这件事上，付出和回报不成正比。

一位公司的老总，在圣诞节那天，将1万美元作为奖金，发给了公司里的34个员工，平均下来，每人大概有300美元。然而，让他大感意外的是，没有一个人来感谢他。他懊恼地说："我真是后悔极了，竟然会大发慈悲给他们发奖金。"

单单这样看，我们的确会觉得不公平，受了上司的恩惠，为什么一句感谢的话都不肯说？难道人性就那么可悲吗？但回过头来想一想，或许事情并非那么简单。这位老总难过的原因，是因为下属不懂得知恩图报；然而他或许不曾想过，事情会这样，或许是他平日的作风早已引起员工的不满，因为他从来都是一个苛刻而吝啬的人。既然如此，又怎么能期望得到别人的回报呢？况且那300元，在员工看来或许是天经地义的事情，因为自己为公司做了那么多贡献，这点奖金是应得的。

假如你帮助了某个人，然后期望得到回报，那么就犯了一个常识性的错误：并不是所有人都心怀感恩。如果你救了一个人一命，那么会期待他感恩吗？知名的刑事律师萨缪尔·莱博维茨在当法官的时候，曾经为七十八名囚犯免除了死刑。但是又有多少人上门感谢过他呢？你或许已经猜到了答案：没有一个人。或许这些囚犯心想：我们只是得到了法律的公正裁决，而你作为一个律师，正是履行了自己的职责。

耶稣曾经用一个下午治愈了10个瘫痪的病人，让他们能够重新站起来。然而其中仅有一个人来对耶稣表示感谢。耶稣问自己的门徒："其他9个人呢？"门徒无奈地摇了摇头。这9个人连一句感谢的话都没有，就跑得无影无踪了。我们施恩于人，而心里老想着回报，那么假如希望落空，不是会平添烦恼吗？因此，如果我们想要活得平安而快乐，只需要记住一点：帮助别人是快乐的，不求回报的付出也是一种享受。

密码点拨

- 懂得生活的人，施恩从不图回报。
- 强求别人报答自己，就让施恩变成了一种交易。

我们为什么要感恩？

"感恩"才能"得恩"

◆只有懂得感恩的人，才会得到更多的关爱。一个不懂得感恩的人，永远觉得别人的恩惠是"应该的"，那么谁还会去做应该做的事情呢？

这件事帮你办成了！
好的。
……（怎么一句谢谢都没有啊？下次不帮了……）

这件事帮你办成了！
太好了，真是感谢你，没有你我还真不知道怎么办呢！

不知感恩的人　　　　　　　　懂得感恩的人

感恩是一种责任

◆说一声"谢谢"，不花一分钱，但能体现一个人的修养和责任感。

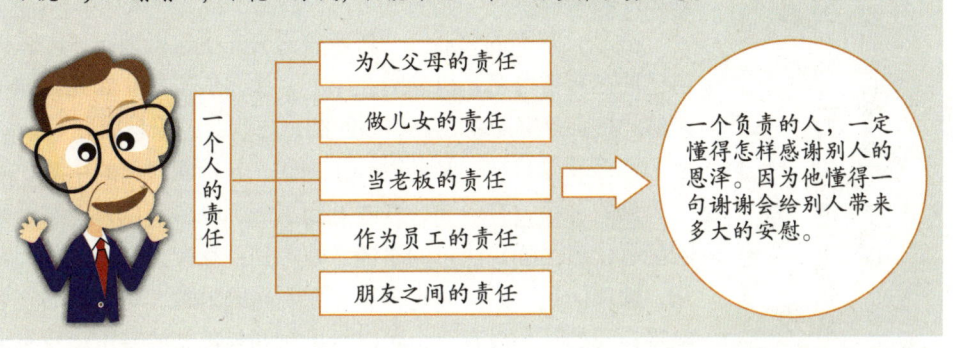

一个人的责任：
- 为人父母的责任
- 做儿女的责任
- 当老板的责任
- 作为员工的责任
- 朋友之间的责任

一个负责的人，一定懂得怎样感谢别人的恩泽。因为他懂得一句谢谢会给别人带来多大的安慰。

我们要感谢谁？

感谢父母，因为他们不但养育了你，而且还指引你前进的道路；

感谢老师，因为是他们传授给你知识，为你的人生规划蓝图；

感恩你的朋友，因为他们关心、帮助了你；

感恩伤害过你的人，因为是他们让你更加成熟。

4.细数幸福的点滴

有时候，我们会因为生活不如意而悲哀难过。我们也很羡慕那些所谓"天生的乐天派"，他们凡事都乐呵呵的，仿佛生活中没有一点儿烦恼。然而，没有一个乐天派是天生的，而且他们的生活中并非没有烦恼，那他们是怎么做到的呢？

卡耐基先生在哥伦比亚大学念书时，遇到了一位名叫露西的同学，她亲身经历的一件事给了卡耐基很大的启发。

9年前，露西的生活非常忙，她一边学风琴，一边开办语言学校，而且经常参加宴会和舞会。有一天，露西的心脏病忽然发作，被送进了医院。医生告诉她："你必须在病床上躺一年。"露西绝望了，在病床上躺一年！天哪！那自己不就成了一个废人？搞不好哪天还会死在这里。露西的心中充满了抱怨，她甚至质问上帝，自己并没有做错什么事情，为什么要得到这样的惩罚。

后来，露西的邻居——作家鲁道夫先生告诉她："你觉得自己现在非常可悲，只能躺在床上，然而事实并非如此。你可以趁此机会静静思考，在这段时间，思想会越来越成熟。"

露西深受启发，从此抛弃了抱怨，开始面对新的生活，阅读大量的书籍。有一天，露西听到了一个电台节目，忽然开始回忆起让自己感到快乐的事情。她想到：我有一个很可爱的女儿，她总让我感到高兴；我有一双明亮的眼睛，可以看书、看电视；我的耳朵没有聋，可以听见时间最美妙的音乐；我有很要好的朋友，可以陪我一起谈心……

一想到这些，露西就觉得自己在病床上的日子再也不会暗无天日了。出院后，露西依然抱着这样的态度去面对生活，9年过去了，她很少再为琐事抱怨或是不安。

罗根·皮尔萨尔·史密斯用几句话清楚阐述了这个道理："生活中应该有两个目标。第一，得到自己想要的；第二，在得到之后享受它。然而只有最聪明的人才能做到第二步。"

如果我们正在为某些事情烦恼，那么不妨回忆过去，想一想曾经幸福的事，或许你的心情就会突然放晴。让自己快乐的一个原则就是：算一算你的幸福时光，不要回头仰望烦恼。

密码点拨

- 悲伤迟早会过去，而我们只需要留下幸福的点滴。
- 创造幸福最重要的是要懂得享受幸福。

从何处寻找幸福的点滴？

你曾经因为什么事被表扬过？

自信的来源正是那些曾经"做对了的事",如果想一想自己的"光辉岁月",那么何必为眼前的困难而烦恼呢？

亚军和季军的差异

真幸运！居然还能站到奖台上！真不错！

居然差一点点，哎呀！真是后悔啊！

让你最得意的事是什么？

每个人都做过"让自己最得意"的事情，如果重温一下当时的情形，那么烦恼就会在不知不觉中消失。

哇！这么多工作，我们怎么做得完哦！

哈哈，我当年一个通宵赶了四篇稿子，这个小菜一碟啦！

你有哪些别人没有的优点？

把自己的优点加在一起，你会发现自己离成功其实没有多远，不是吗？你要做的只是发挥这些优点而已。

两个失恋的人

我对人诚恳，而且善解人意，最重要是懂得持家之道，失恋有什么了不起，那是他没福气！

失恋了……没人要了……

让你感到快乐的人是谁？

想一想有哪些人对自己好，有哪些人给过自己真挚的关爱。如此一来，幸福的暖流就会自然地涌动在心间。

友善的朋友

慈爱的父母

良师益友

可爱的儿女

123

5.保持你的本色

"汲取别人的优点"已经成为了很多人的座右铭。不错，如果别人身上有值得学习的品质，我们当然可以去借鉴。然而，如果一个人想要把所有人的优点集于一身，那么就是非常愚蠢而荒谬的。学习优点没有错，但如果想要把自己变为"某某第二"，或者丢掉了自己的本色，那么只会得不偿失。

一位电车车长的女儿名叫凯斯·达莉，她的梦想就是成为一名歌唱家，然而她自身的条件并不好。凯斯不但长得不好看，而且还是龅牙。想一想那些当红的歌星，她就自惭形秽。每当她在新泽西州的一家夜总会唱歌的时候，总是想把上嘴唇拉下来，遮住并不好看的牙齿。可是这样一来，她的歌声非常奇怪，因为她无法在照顾自己牙齿的同时，把美妙的歌喉展现出来。

就在凯斯觉得灰心丧气的时候，夜总会的一个人对她说："我知道你很有天分，但是我坦率地告诉你。我一直在看你表演，也知道你想掩饰自己的缺点，因为你觉得自己的牙齿长得不好看。"凯斯听到这话，不由地羞红了脸。可那人接着说："但是这太奇怪了，难道牙齿长得不好看就是罪过吗？千万不要去掩饰你的嘴，如果观众看到你并不在乎这一点，看到了你的自信，就会喜欢你的。而且这些你不想让别人看见的牙齿，说不定还会给你带来好运。"

这番话让凯斯如梦初醒，从此她再也不去想自己的牙齿，而是只想着把歌声展现给听众。后来终于成为了娱乐界的红星，很多演员甚至还拼命模仿她的风格。

让我们来分析一下，最初凯斯并没有想过"要做自己"，她是按照那些当红歌星的标准在要求自己。一个歌星虽然不一定长得要多漂亮，但至少牙齿看上去要整齐，否则就会让人反感。凯斯带着这样的想法去表演，不但失去了自己的特色，而且画虎不成反类犬，弄巧成拙。然而，当她将自己的本色展现出来之后，却得到人们的认可。其实这就是我们要坚持的一个原则：无论你学习何种优点，都不要丢掉自己的本色。

密码点拨

· 刻意的模仿，只会得不偿失。
· 你不可能成为自己的偶像，只能成为像他一样的人。
· 本色就是自己最大的特点，丢掉了本色，等于丢掉了自我。

第七章　正面暗示，用积极心态打造美好人生

如何保持你的本色？

找到最适合自己的方法

哇！模特儿穿的那套衣服真好看，我也要买！

……（心想：模特儿穿着好看，你不一定吧？）

原则一：借鉴优点只能借鉴，你永远也不可能变得和别人一模一样。

原则二：灵活运用
再好的经营模式，也不可能适用于每个企业。个人也是一样，你要找到最适合自己的方法。

这件衣服的确好看，但我要穿大一点儿，且不能搭配同样颜色的裤子。

你真懂得打扮。

不要刻意掩饰缺点

◆我们有时候会刻意地不让自己的缺点暴露出来，然而往往欲盖弥彰。缺点不一定要掩盖，有时大方地展现出来，反而会得到别人的认可。

我比较胖，所以不能穿太紧的衣服，如果衣服比较宽松而且样式独特，那么就会体现出我的气质。虽然不苗条，但是风韵十足。

NO.1 不要把缺陷也一味地归为难以改变的缺点。

因为相貌不佳而自卑者，往往会刻意地模仿别人的打扮和气质，但是这无疑会把自己变得毫无特色，甚至弄巧成拙。

NO.2 有时候可以灵活处理，让缺点和缺陷也散发魅力。

掩盖缺点，并不能让你得到自信。但是如果巧妙地利用缺点，那么就会成为自己的特点。

不要太在意细节

◆对自己缺乏信心的人，往往特别在意别人对自己的看法。有时候自己出了一点小纰漏，也生怕别人看见。这样不仅活得太累，而且烦恼将永远跟随着你。

导致烦恼的细节

- 我的额头很窄，头发没有遮住，会不会被别人看见呢……
- 哎呀，我的眼影都花了，怎么没发现啊，肯定被人笑话了……
- 我今天说话又口吃了，惨了！肯定成别人议论的对象了……

小故事

魏晋时期的名将邓艾有口吃，他说自己的名字时，总是"艾艾"个不停。一次，司马昭故意戏弄他说："你说艾艾，到底有几个艾啊？"邓艾巧妙地回答："诗歌里说'凤兮凤兮'，说了两次，其实说的还是一只凤凰啊。"

125

6.化不利为有利

身处逆境，困难重重，似乎是人生必经的一个阶段。然而我们却发现，很多颇有成就的人，都是在所谓的逆境之中取得的成功。贝多芬是在耳朵聋了之后，才做出了更好的曲子，而海伦·凯勒所取得的成就，与她天生的残疾也密不可分。看起来，一帆风顺中才能获得成功的想法是不完全正确的。

一位名叫艾玛·汤姆森的女作家，因为丈夫要驻守加州附近的沙漠，所以也搬到了那里。然而附近的环境和大城市比起来简直是糟透了。沙漠的气温高得出奇，艾玛一个人住在一间小屋子里，经常被热得难以忍受。有时候风沙四起，连吃的东西和呼吸的空气里都是沙子。而且那里的居民，不是印第安人就是墨西哥人，完全无法用英语和他们正常地交流。

艾玛觉得自己快窒息了，所以写了一封信给她的父母，告诉他们自己一分钟也不想待在这里。艾玛的父亲回了一封信，总共只有两行字："两个人从监狱的铁栅栏里往外看，一个人只看见烂泥，而另一个人则望见了星空。"

艾玛读完信，忽然感觉非常的惭愧。她没想到自己竟然成了一个悲观厌世的人，所以她下定决心要改变自己，做一个能够仰望星空的人。

于是，艾玛努力和当地的居民交朋友，很快地，这些人就送给了艾玛很多珍贵的礼物。从此艾玛的生活再也不会枯燥了，她将沙漠之行视作人生的一次冒险。艾玛为自己能够仰望星空而感到由衷的高兴，后来，她写了一本书叫《光明的城堡》，讲述了自己在沙漠中生活的心路历程。

有一句话叫做"如果有一个柠檬，就做成柠檬水"。大家都知道柠檬虽然算一种水果，但是通常没有人会像吃柳橙一样品尝柠檬，因为它足以酸掉你的牙。然而如果你是一个懂得仰望星空的人，那么你就会换个角度去看待这个柠檬，做成柠檬水不是很好吗？你所得到的享受一点也不亚于吃一个香甜的柳橙。所以让自己快乐的一种重要方法，就是当你觉得自己的生活像一个酸柠檬的时候，就化不利为有利，去享受一杯属于你的柠檬汁。

密码点拨

- 命运交给你一个酸柠檬，你就要设法把它做成天然的柠檬汁。
- 转化逆境，有时候只需要转变一下看问题的角度。

如何面对逆境？

痛定思痛

为什么你会遇到逆境，或者为什么遇到逆境的总是你？当我们遭遇了挫折时，一定要仔细想一想，到底是运气不好，还是自身有问题。

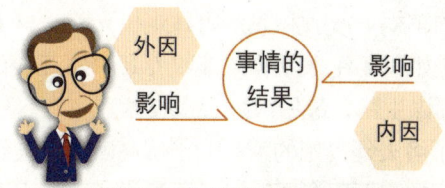

外因 → 事情的结果 ← 内因
影响　　　　　　　影响

◆ 外界因素和自身的因素共同影响着事情的发展状况，因此除了在外界环境里面找原因以外，也要学会自我审视。

解析逆境

遇到困难，逃避是下下策。我们必须接受现实，然后再来分析要面对的可能性。这是弄清事情来龙去脉的关键，如果我们养成分析时局的习惯，那么就不难想出对策。

细枝末节　　时局

◆ 将逆境变为顺境，必须要看清事态，否则就无异于盲人摸象。

转变思维

这是转化逆境的"精髓"。同样的一件事，在悲观者眼里成了悲剧，而在乐观者眼里就是喜剧。是悲是喜，就在于我们能不能灵活地转变思维，改变看问题的角度了。

不同的结论

唉！就是一滩脏水。

哇，我可以通过这滩水望见天上的月亮。

阳光总在风雨后

人生百味，世事无常，犹如多变的天气，生活窘迫、工作压抑，只不过是人生的风雨罢了。只要你坚持着目标，坚持着自己的理想，总会在风雨过后，拥抱属于自己的灿烂阳光。

◆ 相信"大难不死，必有后福"，并不是自我安慰，而是让自己摆脱悲观的好办法。

小故事

二战时期，有一位士兵在战斗中受了伤，喉部被弹片击中。由于失血过多，他一直处于昏迷状态，而且输了七次血。当他醒来的时候，发现自己无法动弹，而且说不出话。于是，他写了一张纸条递给医生，上面写道："医生，请问我还能活下去吗？"医生回答："可以。"他又写了一张纸条："我还能不能说话？"医生回答他说："可以的。"最后，他写了一张纸条："那我还担心个鬼啊！"

7.多帮助他人

卡耐基先生曾经花钱募集"我如何克服忧虑"的真实故事。经过评委们的仔细评判，挑选出几个最棒的故事：其中一位名叫波顿的读者，他的亲身经历格外发人深省。

波顿9岁的时候，母亲就离开了他，12岁的时候，父亲去世了，死于一场意外的车祸。波顿和兄弟姐妹走投无路，只得去投奔两个姑妈，但是她们年纪大了，只能收养其中的三个孩子。波顿和弟弟只得另谋生路，最后被好心人收养。

不久，波顿来到了洛夫廷夫妇的家。七十岁高龄的洛夫廷长年卧病在床，他给波顿定下三个规矩：一不准说谎，二不准偷窃，三要听话。波顿牢记在心，也做得很好；然而，当他进入学校之后，就遇到了大麻烦。同学们都嘲笑波顿是一个大鼻子、小笨猪，而且是个没人要的孤儿。波顿十分伤心，想狠狠地揍那些欺负他的人，但洛夫廷对他说，"记住，一个真正的男人是不会轻易打架的。"

记住了这一点，波顿开始忍耐。有一天，一个女孩故意弄坏了洛夫廷夫人为波顿买的帽子，波顿回家大哭了一场。洛夫廷夫人语重心长地对波顿说："波顿，如果你试着去帮助他们，或许他们就不会欺负你了。"

波顿忽然开了窍，于是发奋学习。他成了班上学习成绩最好的人，但是却没有一个人嫉妒他或者找他的麻烦，因为他总是会帮助成绩不好的同学，并义务帮他们补习。在读书期间，村子里有两位老人去世了，波顿也主动去帮助这些遗孀。每天放学，他就去她们家，劈柴、挤奶、喂牲畜。从此以后，没有人再嘲笑过波顿，他听到的总是赞扬和夸奖。

由于波顿总是在帮助别人，因此他的生活中很少有烦恼。

有时候，我们总是太计较得失，我们把自己看得太重。如果一个人因为某件事而伤害了自己，那么就会记恨在心，甚至会找机会以牙还牙。然而，人与人的关系是相互的，如果你放下自己心中那狭隘的天平，尽自己所能去帮助别人，那么不快和烦恼都绝无滋生的余地。有句话说得很好："如果你懂得怎么去帮助别人，那么你就找到了快乐的源泉。"

> **密码点拨**
>
> · 助人为乐，就是摆脱烦恼的良药。
> · 想要得到关怀，就必须懂得如何付出。

第七章 正面暗示，用积极心态打造美好人生

帮助别人，快乐从何而来？

体现自身的价值

究竟什么才能体现一个人的价值？

朋友？ 人品好？ 善良？ 财富？

有钱并不一定会赢得尊重

乐于助人才会得到大家的认同

◆一个人的价值，无法用具体的尺度去衡量，我们不能说有千万家产就体现了自身价值。但是如果通过帮助他人而赢得了尊重，那么就体现了最有意义的价值。

帮助别人等于帮助自己

◆如果每次付出都想得到回报，就变得太功利，这充其量只能算一种交易。帮助别人，不但是无私的体现，而且会带来意想不到的结局。

小故事　盲人打灯笼

一个盲人出门老是打着灯笼，路人纳闷，问其原因。盲人说："其实道理很简单，我提灯笼并不是为自己照路，而是让别人注意我，不会误撞到我。而且，这么多年来，由于我的灯笼为别人照亮了道路，所以人们也常常主动搀扶我，帮我走过无数坎坷……"

本章重点

1.他人的批评其实证明了自己的被关注程度
2.不要太在意批评
3.学会自我批评

第八章 自我反省，每天进步一点点

卡耐基写给年轻人的成功密码

1.批评是别人对你的重视

只要我们与人相处，就难免会听到"不顺耳的话"，有时甚至是尖酸刻薄的批评。或许很多人会问："我平时待人和善、处处忍让，觉得自己做得够出色了，可为什么还是有人会对我不满呢？"其实，有的批评并非是在指责你的缺点，而是在指责你的"出色"。

公元1929年，美国发生了一件震惊教育界的事情，以至于很多学者名流都到芝加哥看热闹。原因说起来也很荒唐，几年前，有一个名叫罗勃·郝金斯的年轻人，一边打工一边读书，居然从耶鲁大学毕业了，后来还当过作家、伐木工人、家庭教师和售货员。这个换了无数工作的人，仅仅过了8年，就成为美国赫赫有名的芝加哥大学的校长，而且此时他年仅30岁，真是让人难以置信。按照常理，罗勃·郝金斯已经成为了"年轻有为"的代名词，甚至被称为"天才"也不为过；然而舆论并非赞扬罗勃·郝金斯，相反，人们对他的批评如潮水般涌来："他太年轻了，根本就没有经验""他的教育观念完全不成熟，怎么可能为人师表"，就连芝加哥的报纸也开始对罗勃·郝金斯口诛笔伐。

罗勃·郝金斯正式上任的那一天，有个朋友对罗勃·郝金斯的父亲说："今天早上，我看见报纸在攻击你儿子，真是把我吓坏了。"

"的确是这样。"郝金斯的父亲回答，"这些话非常刺耳，但是请记住一点，从来没有人会去踢一只死狗。"

这是一个看似残酷的定律，但现实就是这样。当一个人默默无闻的时候，他可能听不到一点儿来自外界的杂音；然而一旦他有所成就，就难免要面对大众的审视与批评。

面对这些批评，我们应该怎么办呢？是愤怒、忍耐，还是反击？我们应该站出来为自己辩护吗？其实，只要坚信一个道理，那么天大的烦恼都可以抛之脑后。因为别人的批评不正好说明了你的优秀吗？为什么要为这些荒唐的言辞而伤脑筋呢？

密码点拨

- 刻薄的斥责，从另一方面来看，也显示人们对你的重视。
- 有时只要置之不理，烦恼就会自动消失。

另眼看批评

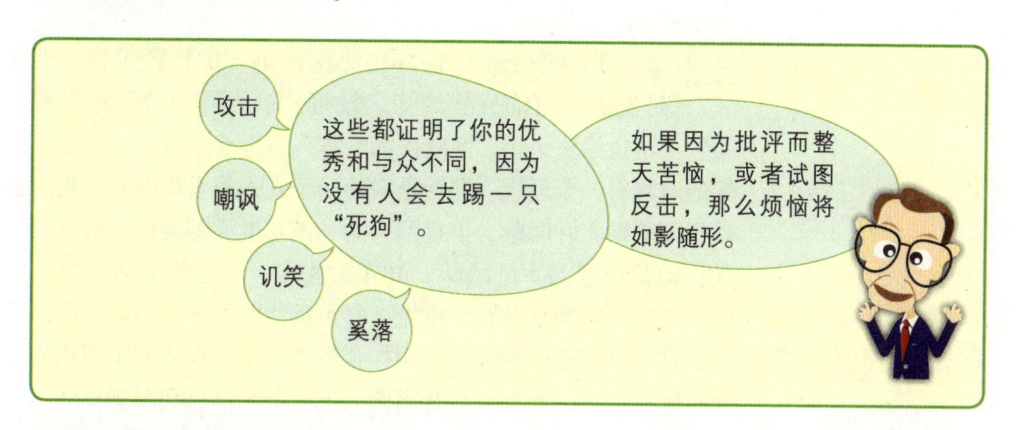

- 攻击
- 嘲讽
- 讥笑
- 奚落

这些都证明了你的优秀和与众不同，因为没有人会去踢一只"死狗"。

如果因为批评而整天苦恼，或者试图反击，那么烦恼将如影随形。

如何面对批评

不予理会

◆如果你试图让攻击你的人都后悔，那么结果往往适得其反。他们希望看见的，正是你因为批评而抓狂的模样，所以平静面对一切，就是最好的回应。

专注于自己的事

你难道不知道吗？他们都在说你的坏话！

是吗？那就让他们说吧！

（晕…）你不感到气愤吗？

为什么要生气？君子坦荡荡嘛！

批评的坏处
- 让人备受打击
- 使人情绪异常
- 分散精力
- 妄自菲薄

→ 使人无法专心做自己的事

◆不受批评影响的最好的办法就是"两耳不闻窗外事"，只有这样才能专注做自己的事，而不受外界干扰。

2.避开批评的锋芒

一天，卡耐基先生前去拜访史密德里·伯特勒少将，他是美国海军陆战队的知名领袖，被人称为"老地狱恶魔"。这位派头十足、谈吐诙谐的军人告诉卡耐基："我在年轻的时候有一个理想，那就是成为一个人人都喜欢的人，我总是想留给别人好印象，于是别人的一点儿批评都会让我难过很久；但是到了海军陆战队，30年过去了，我已经变得十分坚强。有的人骂我是黄狗、毒蛇，甚至那些骂人专家指着我的鼻子，将英文里所有的脏字都用在我的身上了。那我会不会感到难过呢？如今，当我听到背后传来不中听的话，我都懒得回头看那个人是谁。"

伯特勒少将对待批评的态度，在我们看来有点儿不可思议，不是吗？谁不会因为别人的批评而懊恼呢？但这恰恰就指出了烦恼的根源——我们太在意这些批评了。卡耐基先生曾经因为受到《太阳报》记者的攻击，而要求报社刊登道歉的文章，可是后来他才意识到自己的做法毫无意义，因为有谁会去在意那一篇道歉信呢？有谁会感同身受地为你遭受的攻击而愤愤不平呢？实际上，大多数人每天都只关心自己的事，你遭遇的不公，在别人看来就是过眼云烟。我们总是担心自己受到批评后，别人会不会看低自己。然而事实告诉我们，别人根本就无暇顾及你的生活，即便是你遭受了最恶毒的攻击，引起舆论注意，但很快地，人们的目光就会被其他事情所吸引。由此可见，批评之所以让人烦恼，就是因为我们太在意。

被批评之箭射中，是因为我们不懂得如何躲避。查理斯·舒韦伯在普林斯顿大学演讲时，告诉在座的学生，自己当年在钢铁厂工作，遇到一位德国老人。这位老人因为一些事情和工人们发生了争执，最后竟然被大家扔进河里。舒韦伯说："当他走到我的办公室时，满身都是泥和水，于是我问他：'你怎样对待那些无理的人呢？'他回答：'我只是笑了笑。'"从此，舒韦伯就把"笑一笑"当成自己的座右铭，当遇到无礼的批评时，笑一笑足以应付一切，并让烦恼远离自己。因此，面对批评的第二个原则就是：避其锋芒，不予理会。

密码点拨

- 如果太在意别人对自己的看法，那么你会活得很累。
- 即便听到出言不逊的话，也要当成耳边风。
- 愤怒和反击，会让烦恼呈倍数递增。

面对批评，沉默是金

沉默——是一把伞

让我们远离是非曲直的困扰，远离自怨自艾。

沉默——是一顶太阳帽

为我们遮住有害的光线，让我们看清前面的路。

沉默——是一把隐形的剑

即便我们没有反击，沉默也会让那些无聊的人闭嘴。

面对那么恶毒的攻击，你的沉默就是在向别人示弱！

你知道打破沉默的结果吗？那就是正中攻击者的下怀。

丘吉尔的座右铭

如果我一定要做，那就不要理会对我的攻击。我用我知道的最好的办法去尽力而为，而且我打算坚持到底。如果结果证明我是正确的，那么即便别人用十倍的力气说我错了，也毫无作用。

3. 自我反省

有一位平凡的推销员，他的工作就是把××香皂销往千家万户；然而令他感到沮丧的是，订单一直很少，他很担心自己有一天会失业。推销员静下心来想了想，香皂的品质、定价都是没有问题的，那么问题一定出在自己身上。

每当他推销受阻时，他就会停下来想一想，到底是哪里没有做对，是没有说清楚产品的优点？还是态度不够好？有时，他甚至会回过头去询问客户："我回来并不是为了卖香皂，而是期望能得到您的批评和指点，您能够告诉我，我刚才有哪里做错了呢？您的经验比我丰富，所以请说出您的真心话。"这样的态度，让推销员得到很多朋友以及无数宝贵的建议。后来，这位推销员成为了这家公司的总裁，他就是立特先生。

我们之所以会遭受别人的批评，一定有来自于自己的原因；如果排除对方是无理取闹的可能性，就应该好好想想：我究竟有没有做错的地方。

豪威尔曾是美国财经界的风云人物，他在华尔街的影响力非常大，以至于他去世的消息引起了股价暴跌。豪威尔在畅谈自己的人生经验时说："多年来，我一直坚持用日记本记录几天来发生的事。晚餐过后，我就会独自打开日记本，回想自己所做的事情、我说的话，有哪些是错的？有哪些决定是正确的？我可以改进自己的工作方法吗？有时候，我甚至会为自己的一些决定而感到沮丧，因为我不敢相信自己会那样蠢；然而反省的习惯，却让我的事业得到了长远的发展……"

我们很难接受别人的批评，然而聪明的人却会由此获得进步。诗人惠特曼说："难道你认为只能向欣赏你、尊重你的人学习吗？那些反对你、批评你的人，更能让你受益匪浅！"

由此可见，与其在我们犯错的时候，任别人指手画脚，还不如将事情办好。如果我们总是保持高度的警惕，去审视自己的错误，那么别人的每一次批评，都会让我们取得不小的进步。好好想一想自己做过的错事吧！你一定可以从中找到前进的动力。

密码点拨

· 不会自我反省，无异于画地自限。

· 正视自己的缺陷，是让批评变为动力的好办法。

自我反省的办法

1.正视"反省"的价值

自我反省的作用
- 审视自己的缺点，既避免妄自菲薄，又能有的放矢地提升自我。
- 认识自己的不足，然后把事情做好，可以帮助我们走出"批评"的阴霾。
- 自我反省是获得经验的最佳途径。不会自我审视的人，很难改掉自己的不足。

2.用一个本子，写下自己的不足

◆卡耐基有一个本子，专门用来记录"自己做过的蠢事"。罗列这些不足，并不是为了揪住烦恼不放，而是为了时刻提醒自己，积累人生经验。

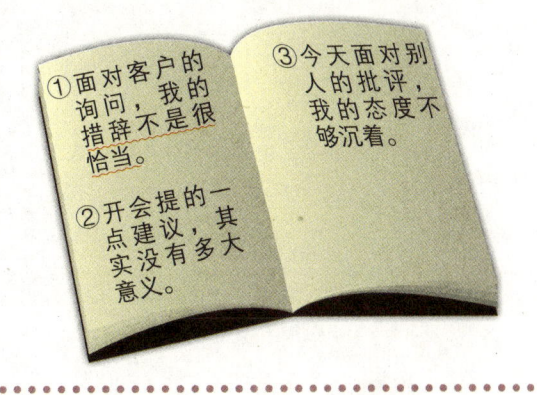

① 面对客户的询问，我的措辞不是很恰当。
② 开会提的一点建议，其实没有多大意义。
③ 今天面对别人的批评，我的态度不够沉着。

3.假设"如果再来一次"

◆养成了记录"蠢事"的习惯后，我们还需要对这些情况进行分析。不妨问自己："如果再来一次的话，我会怎么做呢？"

如果我当时冷静一点儿，就不会和他吵起来……
如果我想得再全面一点儿，就不会出这样的错……
如果我能回到那个时候，应该这样说话……

这个世界没有后悔药可以吃，你成天想这些有什么用呢？

谁说没有用？我可以让自己保持清醒，不再犯同样的错误。

本章重点

1. 培养自信心
2. 阐述自己的观点
3. 如何准备演讲稿
4. 让语言充满生命力
5. 让语言贴近听众
6. 当众说话时应有的技巧
7. 在用词上下功夫
8. 保持个性，注重台风
9. 如何增强记忆力

第九章　练好口才，到哪儿都成为受欢迎的人

1.培养自信心

每当我们看着那些在演讲台上口若悬河的人时,心里不免会发出赞叹:"他的口才真好,面对那么多人一点儿也不紧张,真是了不起!"然而没有谁是天生的演说家,那些看上去"口若悬河"的样子,实际上是后天养成的。

在生活中,我们不会每天都对亿万人演讲,但可能会遇到大家聆听自己说话的时刻,比如公司请员工上台分享经验。面对这种状况,不免会有些担忧,"万一我说错话怎么办?""我的手都在发抖,怎么可能讲好呢?"这就是怯场的典型表现。克服怯场,并没有什么独门秘诀,但有一点很重要,就是:只要你有自信,一切就能水到渠成。

发言时缺乏自信,并非说明你在这方面有所欠缺,因为每个人都害怕当众说话。据调查,大学的演讲课,有80%~90%的学生都害怕上台;所以大可不必因为紧张而觉得自己没用。其次,因紧张而导致的各种生理反应很正常,脉搏加快、呼吸急促,其实是为了获得更多的氧气以维持镇定,只要我们懂得善加利用,那么这些反应会让我们的思维更清晰、用词更精准。

亚伯特·爱德华·威格恩是非常知名的演说家,他克服恐惧的故事为人津津乐道。在读初中的时候,亚伯特精心准备了一次演讲,他把稿子背得滚瓜烂熟,可是一上台就紧张得浑身发抖,脑子一片空白,最后只说出了一句话:"亚当斯与杰弗逊已经过世……"从此以后,怯场成了他挥之不去的阴影。

大学毕业后,亚伯特住在丹佛,当时社会上关于"自由银币铸造"的事闹得沸沸扬扬。亚伯特无意间看见一篇文章,觉得言论十分荒谬,于是他回到家乡,主动地走上讲台,准备发表自己的见解;可是过去的阴影并未离他而去,说着说着,亚伯特觉得自己已经开始结巴了。然而听众并没有因此而起哄,依然侧耳倾听,看来大家对自己的话题很感兴趣。就这样,凭着这一点小小的自信,亚伯特一口气讲了一个半小时。让亚伯特自己都感到惊讶的是,在接下来的几年里,他甚至将演讲变成了自己的职业。由此可见,只要培养一点点自信,你就能战胜紧张。

密码点拨

· 不要因为紧张而自卑,因为这是正常的反应。

· 谈论自己感兴趣的话题,自信就会随之而来。

克服当众发言紧张的技巧

将注意力集中到话题上

面对话题时的两种反应

- 感兴趣的话题 → 滔滔不绝，当场发表自己的见解。
- 不感兴趣的话题 → 无精打采，敷衍对待或保持沉默。

找到这种感觉，然后运用在演讲当中，你会发现时间不知不觉就过去了，而且也不会去想自己会犯怎样的错误。

为自己打气

- 自我鼓励，是心理学上克服恐惧的有效办法，也是获得自信的捷径。

发言的干扰因素 → 听众窃窃私语 / 害怕忘记内容 / 担心当众出丑 → 鼓励自己，相信自己可以胜任这个话题，然后排除干扰、专心发言。

在朋友面前预讲

- 如果想要尽早适应演讲，那么不妨在朋友面前先说一遍。一来，你能够提前感受气氛；二来，也可以从朋友那里得到很好的建议。

你觉得我刚才说得怎么样？

很好，不过如果你的表情再自然一点儿就更好了！

2.阐述自己的观点

演讲者最常思考的一个问题就是："我说的话，怎样才能吸引观众呢？"这其中也有一个要诀，那就是你讲的话题，一定要有自己的看法。我们都聊过天，也知道聊天的意义就是说自己感兴趣的话题；而上台演讲，不外乎是一个聊天的过程，只不过你要说更多的话而已。

很多人喜欢去找演说家的演说稿来看，期望从中获取演讲的秘诀，然而这些演说稿大都平淡无奇，有的甚至只写了几个要点。为什么会这样？难道演说家真的是靠天分吗？答案是否定的。他们靠的不是口才，而是自己对话题的认识和理解。假如你的面前放着一份完美的演说稿，你能保证演讲成功吗？不一定，因为这份演讲稿并非是你亲自所写，即便你背得滚瓜烂熟，也无法得到很好的效果。但是如果你想对某件事发表自己的见解，那么即便不需要打草稿，也能脱口而出。

一位从事银行业的杰克逊先生，在路边的报摊买了一份杂志，在坐地铁的时候，他读了一篇名为《十年成功经验》的文章，觉得很有感触，于是他决定到公司以后，向大家报告一番。在演讲的过程中，杰克逊不停地引用作者的观点，试图将这篇文章的精彩之处呈献给大家；然而演讲结束之后，有人说："杰克逊先生，我们对那篇文章的作者不感兴趣，因为我们也见不到他，但我们却对你的观点很感兴趣，想知道你究竟是怎么看的。"于是，杰克逊把这篇文章重新读了一遍，发现自己其实并不赞同作者的观点，于是他结合自己当银行主管的经验，发表了自己的看法，最后赢得大家的掌声。

只有谈论自己的观点，你才能引起听众的兴趣。大家坐下来听你演讲，并不是想听你将某人的观点复述一遍，与其如此，还不如听录音更恰当。所以我们一定要记住一个原则：如果我们想让自己的话题引人注目，并且全心投入，那么绝对要讲自己感兴趣的话题，并发表自己的观点。

密码点拨

- 和别人谈论你的兴趣，一定可以滔滔不绝。
- 演讲的目的，就是让听众听到"我以为"，而不仅仅是"他说"。
- 只有投入其中，才能让演讲吸引人。

从哪里去寻找自己的兴趣？

成长经历	特点	每个人的成长经历都不尽相同，只要寻找其中与众不同的地方，就能吸引别人。	作用	哪怕是一次小小的成功，也会引起听众的共鸣。
奋斗史	特点	成长的经历和取得成功的经验，都能让人有所启迪。好听的故事，谁都爱听。	作用	牵动人心的亲身经历，通常都能让听众感同身受。
兴趣和嗜好	特点	你的兴趣虽然不见得是所有人的兴趣，但只要与人分享，就能得到回应。	作用	投入地解读自己的爱好，无形之间拉近和听众的距离。
特殊的知识领域	特点	能够将人们平日接触不多的领域讲得生动有趣，就是相当成功的演讲。	作用	就像大师将国学通俗化一样，吸引人们的注意并不难。
不寻常的经历	特点	讲故事是最吸引人的演讲手段。听众不爱听长篇大论，而是希望从故事中有所收获。	作用	讲自身的经历就是现身说法，这比讲别人的故事真实一百倍。

明天公司让我上台演讲，我说什么好呢？

你喜欢咖啡，不如就说说这方面的知识吧！

这样可以吗？

只要是你感兴趣的话题，就一定能讲好。

3.如何准备演讲稿

也许有很多人会认为,演说家上台之后的口若悬河是即兴发挥。事实上,任何一个想要把话说得精彩而引人入胜的人,都需要准备演讲稿,否则经验再老到的高手也难免会出错。那么如何准备演讲稿就成了一个难题,到底该写些什么呢?是把想到的话全部写下来,还是写几个要点就可以了呢?其实只要遵循四个原则,那么问题就能迎刃而解。

第一,内容要具体。很多年前,一位教授和一位街边小摊贩登台演讲,教授学识渊博,谈吐文雅,而小摊贩相对则通俗许多。谁比较受欢迎呢?答案是小贩。这倒不是因为小贩有多高超的演讲技巧,而是他说的每一个故事都很具体,自然吸引了大家;而教授虽然用词精准,但都是泛泛而谈,比如,当我们说"马丁·路德小时候很顽皮",听上去就很死板,但如果说"马丁·路德小时候,老师常打他的手心,有一天上午,竟然打了15次"这样一来,不就生动多了吗?

第二,把握好题材。如果你的演讲时间只有10分钟,但是你的题目却贯穿了整个历史脉络,那么肯定没法讲完。所以,我们一定要将题材限制到规定的时间范围内,这样才有可能在某个话题上找到关键点,讲得精准又精彩。

第三,尽早准备。一位医生说过:"如果我教你怎样切除盲肠,只要4分钟的时间,但要教你出差错时怎样应付,则需要四年。"由此可见,即便你准备得再充分,都有可能在上台之后遇到措手不及的情况。因此,最好的应对办法,就是尽早将演讲稿准备好,然后花点儿时间思考一下:稿子有没有什么缺陷?能不能再进一步完善?只有这样才能将失误率降到最低。

第四,例子多一点儿。大家都明白一个道理,如果请一位专家来跟大家讲哲学理论,那么想必很多人都会昏昏欲睡,但如果其中有许多精彩的故事,大家一定会听得兴致盎然。演讲不是说理,所以一定要多举一些生动有趣的例子,这样才能吸引听众。

按照这四点准备演讲稿,相信一定大有裨益。总之,想要让演讲获得成功,就要事前做好充分的准备。

密码点拨

· 有备无患,演讲也不例外。

· 任何大师都不会讲高深的理论,而是讲精彩的故事。

讲故事的技巧

话题人性化

没有人会喜欢长篇大论，只有和"人"有关的故事才能引起听众的共鸣。所谓"人性化"，就是要讲发生在现实生活中的故事。

名人的故事
有趣的寓言
真实的经历

乏味的理论
空洞的例子
过多的数据

感兴趣　听众的注意力　不感兴趣

说出故事主角的名字

一个故事的主角，到底是"某位名人"还是"亚伯拉罕·林肯"更吸引人？其实高下立判。要想让故事显得更真实，就要引用人名。

- 这是某个名人说的话，很有道理吧！
- 究竟是哪个名人啊？
- 我也不知道……
- 该不是你自己瞎掰的吧？

注重细节

言下之意，就是要注重故事的情节描述，不能轻描淡写地一笔带过，否则无法引起别人的注意。

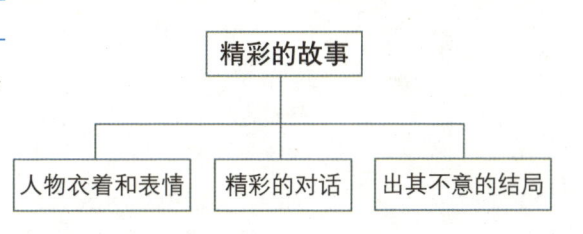

精彩的故事
├── 人物衣着和表情
├── 精彩的对话
└── 出其不意的结局

让情节戏剧化，善用肢体语言

如果能够将一个故事像话剧形式一样展现出来，不仅语气惟妙惟肖，而且还配合丰富的肢体语言，那么效果肯定非比寻常！

- 我刚才的演讲怎么样呢？
- 太精彩了！你怎么不去当演讲家呢？太可惜了！

4.让语言充满生命力

同一篇演讲稿，让不同的人来讲述，收到的效果也不尽相同，这是为什么呢？很多人都在想：怎样使我的演说听上去更加吸引人？答案很简单，那就是全心投入，赋予你的演说生命力。

在1926年的国际联盟第七次大会上，卡耐基发现了一位让自己的演说充满了生命力的演讲者，他就是加拿大的乔治·福斯特伯爵。在三四个死气沉沉的演讲者念完自己的演讲稿后，乔治·福斯特伯爵上台发言。他没带任何纸张或字条，他对所要讲的话题十分专注，而且常常通过手势来强调他的观点。他很想让自己的思想被观众了解，热切地把那些珍贵的理念传达给大家。由于他让自己的演说充满了生命力，毫无疑问，他的演讲获得了极大的成功。

只有对演讲的题目有真情实感时，才会有充沛的感情显露。我们有一个简单的方法，可以帮助你确认你对某个演讲题目是否有热情：你不妨问问你自己，如果有人站起来反对你的观点，你是否有百分之百的信心，能成功地为自己辩护？如果有的话，那么你对演讲题目一定有热情，这个题目也会很适合你。

在演讲中，你需要把你的热情传递给听众。高明的演讲者总是热切地希望听众能和他产生同样的感觉，同意他的观点，并做他认为应该做的事，和他一同分享他的快乐，一同分担他的忧愁。他会以听众为中心，而不是以自我为中心——他一定明白，自己的演讲成功与否，不是由他来决定的，而是由听众的头脑和心灵来决定的。因此，对自己的演讲保持热情，并将热情传递给听众，你的演讲一定会成功。

一个成功的演讲者，并不需要多么丰富而渊博的知识，当他站在演讲台上的那一刻起，他的任务就是将自己的观点全力表达出来。这不仅需要旺盛的精力，更需要将话题和自己的灵魂结合起来。与其说演讲者是一位能够灵活运用语言的大师，不如说他是一名忘我表演的演员。大师离我们太遥远，但我们每个人都可以把自己的观点"表演出来"。如果你在台上表现得生龙活虎，那么观众的情绪就会完全被你左右。

密码点拨

- 活力十足的前提，是表达『由衷的感受』。
- 如果你自己都不认可一种观点，那么更不可能说服别人接受。
- 感染力还有一个名字，叫作『忘我』。

第九章 练好口才，到哪儿 都成为受欢迎的人

让演讲充满激情的要点

选择自己热衷的话题 → 只有自己认同的观点，你才能尽情地讲述出来，获得认同感。 → 激情正是诞生于你的投入。

如果你仅仅是"复诵"某个观点，那么演讲注定不会精彩。

如果我们再没有保护意识，这种动物就会从此绝迹！

她说得很有道理啊！看来是要保护这种动物。

多用第一人称

当时警察就走过来，我吓得心惊胆战，心想这下完了！驾照肯定被吊销了！ ← 闯红灯的遭遇 → 那个人被警察拦下来，经过一番辩解，警察还是没收了他的驾照。

富有感染力，引人入胜。

平铺直叙，枯燥而乏味。

表现热烈

投入的表情 + 富有激情的语言 = 成功的演讲者

◆ 如果你想打动在座的人，那么必须把自己当成一个"成功者"。如果你要讲述对《物种起源》的看法，就要把自己当成达尔文一样的人物，这样才能做到全心投入。

5.让语言贴近听众

演讲同一个主题,演讲稿会不会只有一份呢?有很多人会想,既然是同一个话题,只要熟悉了,就可以脱口而出,用不着第二次演讲时又写一遍;然而真实的情况是,演说家每次演讲前,都会修改演讲稿,甚至是重写一遍,为什么会这样呢?

罗素·康威尔有一个知名的演讲《如何寻找自己》,先后讲了6000次;然而他常年都保持一个习惯,那就是每到一个新地方,就要去拜访当地的邮政局长、理发师、学校的校长、牧师等人。在与这些当地人交谈的过程中,他会了解这里的历史和现状,然后根据当地人的习惯修改演讲稿,争取让内容更易被当地人接受。尽管这一主题被康威尔讲了6000多次,但从来没有一次是完全相同的。

《美国杂志》的总编西德达,在刚刚接手这本杂志的时候,情况很不乐观。由于杂志的销量不尽如人意,所以西德达就在思考:人们到底喜欢什么样的话题?最后得出的结论是:"人们都是自私的,他们只关心自己感兴趣的话题。大家不会对铁路是否收归国有感兴趣,但会关注如何升职、如何得到更多的薪水,以及如何保持健康。"因此《美国杂志》的主题就发生了根本性的变化,它告诉人们如何保护牙齿、如何找到工作、如何聘雇员工、如何购买房子等;如此一来,杂志的销量递增,从20万份增加到50万份。

由此可见,如果我们想要观众喜欢自己的话题,就必须保证话题要有足够的吸引力。在我们拟订演讲稿的时候,不妨问自己一个问题:这样的话题,大家会喜欢吗?或者这样的表达方式,大家容易接受吗?

综观历史,我们会发现所有伟大的传教者都是语言大师,无论是耶稣还是佛陀,在对大家讲述教义的时候、都是以生动有趣的事例为主,而不仅仅是对着大家朗读教规、教义,因为他们知道,大家需要的不是生硬的教条,而是与生活息息相关的东西。只有了解听众需要什么,我们才能让自己的演说更具亲和力。

密码点拨

- 如果不了解别人的需求,如何谈满足需求呢?
- 认真地研究和修改,是写好演讲稿的前提。

如何与听众融为一体？

了解听众的兴趣

中间的距离可近可远，关键看演讲者能否抓住听众的兴趣所在。

风土人情、表达习惯宗教信仰、平易近人

给予听众真诚的赞美

◆如果能够说出真诚的赞美，那么无疑可以拉近和听众的距离，但是如果赞美是虚假的或者并非发自内心，就可能会弄巧成拙。

今天来到这里，深感荣幸，因为这是英雄的故乡。我为这些英雄的事迹深深感动……

恰当的赞美

能够来到这里，非常高兴，因为我爱你们每一个人……

不恰当的赞美

演讲也可以互动

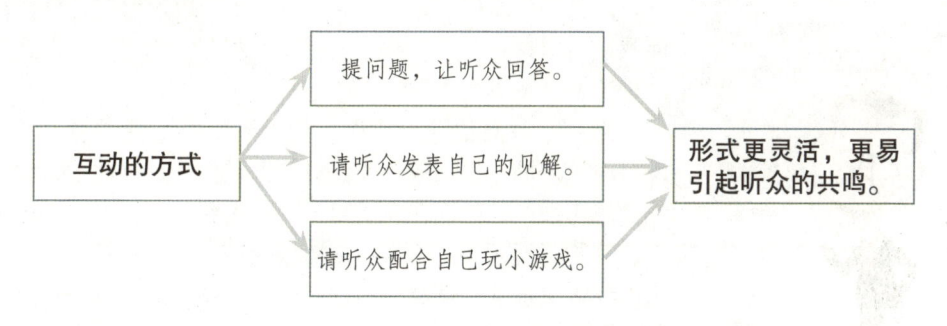

互动的方式 →
- 提问题，让听众回答。
- 请听众发表自己的见解。
- 请听众配合自己玩小游戏。

→ 形式更灵活，更易引起听众的共鸣。

要点：演讲并非是一个人的事，如果能引发在场所有人的积极性，才算是真正做到与听众交流。

6.当众说话时应用的技巧

"**怎**么说话"一直是很多人思考的问题。虽然大多数人都会说话，但是想要声音引起别人的注意，又成了一门学问。其实这门学问并不深奥，也不是谁的专利。只要掌握几个要点，让语言如流水般顺畅就绝非痴人说梦。

首先，我们要战胜紧张。一说到紧张，很多人就会联想到"心理素质"，认为自己怯场是心理素质低的表现，其实并非这样。我们之所以胆怯，是因为我们还没有从紧张的躯壳里面挣脱出来。或许你听说过很多战胜紧张情绪的办法，然而现实情况是，即便你做好了万全的准备，只要没有上台发言的经验，那么就不可能处之泰然；所以消除紧张的办法，就是多加练习，只有这样，才可以在讲台上神情自若。

其次，不要随便模仿别人。有很多人喜欢去刻意模仿自己的偶像，但这样做的结果无异于邯郸学步。一次音乐会上，钢琴家派特列夫斯基正在演奏动人的曲目，而一位小姐坐在观众席上，拿着乐谱仔细地听。过了一会儿，她发出了赞叹："我演奏时，手指敲击琴键的节奏和派特列夫斯基完全一样啊！可我演奏出来的旋律感觉是那么平淡，而他为什么能把曲调演绎得那样动人呢？"其实这个问题并不难回答，因为演奏并不是把节奏掌握好就能出神入化，你还必须投入自己的理解和情感；所以，找到自己的方式才是最重要的。

再次，表情自然。这或许是最容易理解，但也最难办到的一项。想做到表情自然，并不仅仅要放松心态。一个演讲者要拥有很好的仪表，给观众良好印象，他就必须注意语速和用词，以及用什么样的神态和肢体语言来配合自己表达观点；然而我们可以肯定一点，假如你已经沉浸在话题当中，那么自然的神情就会在不知不觉中流露出来。

最后，注意语速。或许有的人天生说话就很快，因此在发言时也习惯一气呵成；或许有的人天生就是慢性子，说一句话会思考很久；然而在演讲时，我们需要站在听众的立场来思考，这句话说出来，听众能不能接受？在这里停顿一下，是否可以让大家理解？调整好语速的要点，就能保证听众可以听清楚并理解你的每一句话。

密码点拨

- 想要从紧张的躯壳里蜕变出来，需要勤练习。
- 保持本色，是塑造自我的先决条件。

演讲时说话的技巧

Ⅰ.抓住要点，省略不重要的部分

无论什么话题，都有重点。我们的目标就是要突出重点，细枝末节一笔带过即可。

拿破仑名言：我所做的事情都能成功，因为我已下定决心，我从不犹豫不决，因此我可以超越世界上的其他人。

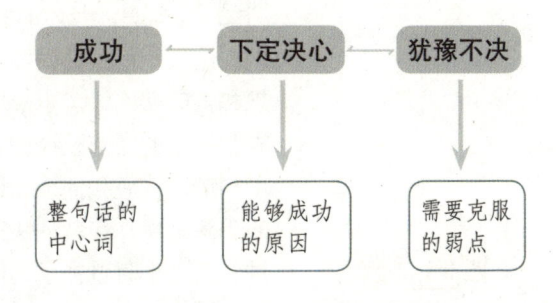

成功 ← 下定决心 ← 犹豫不决

- 整句话的中心词
- 能够成功的原因
- 需要克服的弱点

Ⅱ.注意语速

调整语速的快慢，可以更明确地表达你的意思，也能让听众抓住要点。

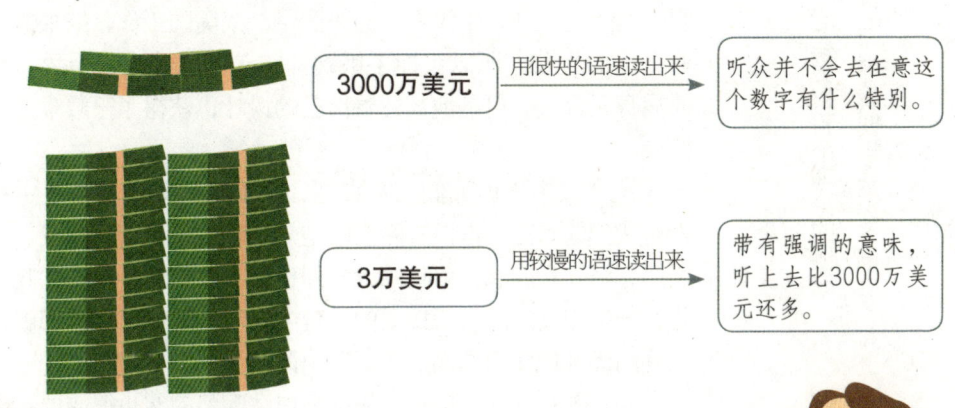

3000万美元 —用很快的语速读出来→ 听众并不会去在意这个数字有什么特别。

3万美元 —用较慢的语速读出来→ 带有强调的意味，听上去比3000万美元还多。

Ⅲ.在要点前面停顿

适当的停顿，有利于听众理解前面的一句话。

卡耐基如是说

　　销售产品是一种战斗，（停顿，让战斗这个词停留在听众的脑海里。）只有战斗者才能获胜。（停顿，让听众回味）或许我们不喜欢这样，但我们无力创造，也无力改变（停顿）……如果你不这样做，（停顿时间长一些，营造悬疑的气氛）那么你每一次出击，都会三振出局。

7.在用词上下功夫

有一个英国人，失业之后流落街头，满街找工作，结果四处碰壁，因为他的打扮和一名流浪汉已经没有太大的差别。这天，他误打误撞地走进大商人保罗·吉彭斯的办公室，想和吉彭斯面谈。吉彭斯看着这位英国人，发现他衣衫褴褛，衣服袖子的底部已经磨光了，实在非常落魄。或许吉彭斯是出于同情，答应和他谈一谈。起初吉彭斯并没有抱什么希望，他的想法是聊几句就赶快把这个人打发走，然而几分钟、十几分钟、一个小时过去了，他们依然在谈话。谈话结束后，吉彭斯打电话给狄龙出版公司的经理罗兰·泰勒。最后，泰勒先生邀请这位英国人共进午餐，并且给了他一份很好的工作。

这个故事听起来是不是有点儿不可思议？或许有人会说："这个人一定有什么过人之处，才能得到这么好的机会。"不错，他的确有过人之处，那就是他的谈吐和表达能力非常强。实际上，他是牛津大学的毕业生，来美国工作，结果遭遇业务上的失败，所以丢掉了饭碗。在美国，他无亲无故，到最后身无分文。可是他却凭着自己的谈吐，获得了千载难逢的机会。

这个故事告诉我们一个真理，那就是我们的言谈决定别人对我们的看法。言谈实际上就是一个标签，上面写着我们的学历、修养和内涵。前哈佛大学的校长艾略特博士说："我认为，一位淑女或绅士所接受的教育中，有一项必修课，那就是正确而优雅地使用本国语言。"由此可见，说话得当的确是一门学问。既然这样，怎么才能练好口才呢？答案也很简单：注意说话的用词。

我们平时和朋友聊天，或许用词都比较随意，因为即便用词不当，或者出现了语法上的错误，也没有关系。但如果我们要站在台上发言，那么说错一句话，很可能就会带来不好的影响。在写演讲稿的时候，需要字斟句酌，我们必须考虑这句话会不会让听众难以理解，会不会造成歧义。如果你对自己的语言表达能力缺乏自信，那么最好的办法就是借鉴别人的经验，多听、多读、多练习！

密码点拨

- 说错一句话，可能会导致整个理论的崩溃。
- 想要灵活运用词汇，那就要学会积累词汇。

如何增强表达能力

增加阅读量 → 文学名著 / 诗歌 / 散文 / 小品文 → 通过阅读大量的文学作品，可以积累丰富的词汇。无论是写作还是说话，都可信手拈来。

◆阅读不仅是积累知识的手段，同时也是历练语言的途径。通过大量的阅读，词汇量自然而然就会增加。

养成修改的习惯

◆演讲稿写好后，除了反复阅读之外，也要不停地修改，在这一过程中，不仅可以让语言更加精练，还能积累不少表达的诀窍。

不要急于写作，不要讨厌修改，而要把同一篇东西改写十遍、二十遍。
——列夫·托尔斯泰

作家最大的本领是善于删改。谁擅长且有能力删改自己的东西，他就前途光明。
——陀思妥耶夫斯基

表达方式多样化

◆善用比喻，是让文章更漂亮的方法，一个好的比喻犹如画龙点睛，可以让你的言语更富魅力。

关于寒冷的比喻：
- 冷得像清晨的露水
- 冷得像格林兰的冰山
- 冷得像冬日的黎明
- 冷得像步枪的通条
- 冷得像坟墓

8.保持个性，注重台风

有一次，卡耐基技术研究所对100名商业人士进行智力测验，所用的方法和美国陆军测试士兵的方法类似。很多人纷纷猜测，这些出类拔萃的商界精英，智力应该比普通人要高；然而测试的结果显示，在获得事业成功的各种因素中，个性远远比智力更重要。

现在我们引出一个概念——个性。什么叫个性？是指一个人的性格吗？不完全是。可以说个性是一个综合体，结合了一个人的气质、思想、嗜好、经验等，而且个性基本上是由遗传因素和环境因素决定的，后天是很难改变的。

难改变，并不意味着不可改进。个性谈不上好与坏，看你怎么去善加利用。站在演讲的角度来讲，我们要注重的个性，就是站在台上的仪表和状态。知名的演说家亚伯特·胡巴德曾经说过："在演说中，可以吸引听众的不是演讲的说辞，而是演讲者的态度。"

怎样让观众感受到你的状态？这一点其实不用刻意修饰，同一个演讲稿，不同的人会营造出不同的气氛；然而我们从中总结出一条非常适用的法则——保持微笑。卡耐基先生曾经拜访纽约的一位银行家，问起他成功的原因，银行家说："我最大的成功，就在于我拥有迷人的微笑。"

中国有一句俗话："和气生财"，在听众面前微笑，就好比商店里营业员的微笑，让顾客感觉更温馨。我们都知道"感染力"的作用，一个满怀热情、面带笑容的演说者可以把自己的情绪传递给听众。假如一个人板着脸走上台，你心里肯定会怀疑他能不能把主题讲好，更不用说带动听众的情绪了。

奥弗·史垂特教授《影响人类的行为》一书中指出："喜欢铸造喜欢！如果我们对听众有兴趣，听众也会回报他们的热情；如果我们不喜欢台下的听众，他们也会厌恶我们；如果我们表现得惊慌失措，他们就会对我们失去信心……"

综上所述，如果我们想要得到听众的回应，就必须满怀热情，将自己的个性表现出来。记得一个原则：演讲者的状态决定听众的状态。

密码点拨

- 你的热情可以带动台下听众的热情。
- 在演讲时，和智力比起来，你的气质和状态更重要。

演讲时的小细节

① 注意衣着

◆ 衣着是非常重要的一个环节，一个人的穿着决定着留给别人的第一印象。衣着不一定要华丽，但是要整洁。

- 头发没有梳理整齐
- 衣领没有理好
- 衬衫露在外面
- 鞋子已经变形

② 注意演讲的环境

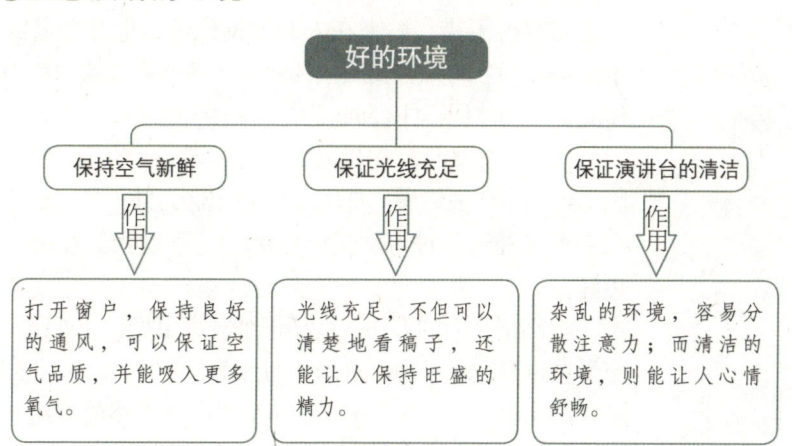

好的环境

保持空气新鲜	保证光线充足	保证演讲台的清洁
作用	作用	作用
打开窗户，保持良好的通风，可以保证空气品质，并能吸入更多氧气。	光线充足，不但可以清楚地看稿子，还能让人保持旺盛的精力。	杂乱的环境，容易分散注意力；而清洁的环境，则能让人心情舒畅。

③ 注重演讲的姿势

- 正对观众
- 挺起胸膛
- 双手自然下垂
- 站姿端正

9.如何增强记忆力

记忆力的好坏，似乎决定了演讲者的发挥程度。一个不看演讲稿就口若悬河的人，我们可以说他记忆力不错；假如我们一上台就忘词，也不必感到过于惊慌，因为不同的人，记忆力都有差别，而有的名人却常常因为"健忘"而苦恼。

罗斯福总统有着惊人的记忆力，他可以记住每个和他见过面的人的名字。著名的植物学家亚沙·葛雷，脑子里装着两万五千多种植物的名字；据说凯撒大帝可以记住数万名士兵的名字。然而和拜伦同时代的作家华尔特·斯考特的记忆力却糟透了，他不但记不住自己写的诗歌，而且居然认不出自己写的作品。有一次，华尔特把自己的作品当成拜伦的，并大力夸奖这首诗写得不错，后来在人们的提醒下，他才知道自己弄错了。美国知名的舞台剧演员约瑟夫·贾弗森连续13年演同一部作品，可仍然记不住台词。

因此，假如你觉得自己的记忆力很差，也不用感到悲观，因为这并不代表你没有能力。而且记忆力并不是一成不变的，我们可以通过各种方法提升记忆力，帮助我们在台上发挥得更好。

提高记忆力的方法，就是仔细观察事物、处处留心。发明家爱迪生有27名助理研究员，每天都从新泽西门罗公园走到爱迪生的实验室，而且一连走了6个月。这条路的旁边长了一株漂亮的樱桃树，当爱迪生问起时，这27个人竟然没有一个注意到樱桃树，这就是观察力的差距。爱迪生不免感叹地说："平常人能够注意到的，不足眼睛所看到的千分之一，我们的观察力真是非常贫乏。"

或许我们都有这样的经历，初次和几个人见面，别人都一一作了自我介绍，但是过了几分钟，就再也想不起其中任何一个人的名字了。这是为什么呢？因为我们从一开始就没有想要去记住别人的名字。我们可以找借口，说是自己记忆力不好；然而这和记忆力无关，是因为我们观察力太差。提高观察力，并不需要多少的时间和技巧，只要我们用心去看待事物、用心去撰写演讲稿，就不会发生冷场的尴尬了。

密码点拨

- 观察力决定记忆力。
- 能否增强记忆的关键，在于我们是否用心。

提升记忆的其他方法

高声朗读

阅读增强记忆的原理

阅读可以让文字中的场景再现，仿佛是自己亲眼所见。通过听觉，再次熟悉一遍内容，这样可大大加深印象。

林肯如是说：林肯在上小学的时候就养成了一个习惯，凡是他想记住的东西，都要大声朗读出来。后来他成为律师后，也会大声读报。

练习不看稿子演说

马克·吐温如是说：一开始，不看稿子是一件很痛苦的事情，特别是那些难以记住的数字更是令人沮丧；但是只要持之以恒，你就会发现自己有过目不忘的能力。

诀窍：通过具体形象来记忆。

那是一个有河流、有高山、牛羊遍地的村庄。

重复

读书破万卷，下笔如有神。不停地重复，有利于加深印象。

本章重点

1. 停止喋喋不休	8. 帮助丈夫制订和实现目标
2. 别尝试改造你的伴侣	9. 选择"两个丈夫"中的一个
3. 不要随意批评	10. 聆听也是一种责任
4. 给予真诚的欣赏	11. 做丈夫忠实的支持者
5. 注意生活的细节	12. 如果丈夫的职业很特殊
6. 保持礼貌	13. 对丈夫的健康负责
7. 做一个有魅力的妻子	14. 做好家庭预算

第十章 将心比心，拥有美满的婚姻

1.切莫喋喋不休

律师海姆伯格在家事法庭工作了11年，曾经处理过无数的案件。他说："男人离开家庭的一个主要原因，是因为他们的妻子总是不停吵闹、喋喋不休。"

然而，家庭生活中难免出现争吵，毕竟有哪对夫妻不曾有过意见不合的时候呢？然而，絮叨和吵闹也有一个限度，如果超越了，就等于让自己的婚姻亮起了红灯。

法国皇帝拿破仑三世和拥有倾城之色的尤金妮女伯爵结为伉俪，这段婚姻一开始是那么令人羡慕。拿破仑爱上一个优雅、美丽而高贵的女子，甚至向全国宣布："我已挑选了自己敬爱的女人做我的妻子，所以不再理会那些素不相识的女人。"

然而，没过多久，这段婚姻就出现了裂痕。不是因为拿破仑不爱尤金妮而冷落了她，而是拿破仑虽然贵为一国之尊，却无法让尤金妮停止嫉妒、猜疑和喋喋不休。尤金妮想将拿破仑占为己有，她想知道拿破仑的一切，不准他有任何秘密。她时常任性地忽然闯进拿破仑的办公室，甚至还打扰拿破仑和大臣之间的重要会议。

此外，尤金妮常常去找姐姐抱怨，说拿破仑会爱上别的女人。最后，她的嫉妒和猜疑发展到不可收拾的地步，演变成暴跳如雷和谩骂。拿破仑仿佛从幸福的高塔上跌了下来，他发现自己虽然拥有那么多房间，却无法享受宁静。

拿破仑绝望了，他开始回避尤金妮，而且不再把感情寄托在她身上。他时常在晚上，从宫殿的一扇小门悄悄走出来，用帽子遮住眼睛，在一位亲信的陪同下，去和另外一个美丽的女人幽会；要不然就独自在巴黎城里闲逛，打发时间。

最后，尤金妮终于察觉到异状，她哭着说："我最害怕的事情终于发生了！"

尤金妮悲哀的原因，并非拿破仑成了负心汉，而是她咎由自取，用嫉妒和喋喋不休换来如此不堪的结局。因此，如果想要让自己的婚姻和睦，那么最好不要用吵闹的方式去处理纠纷。如果你已经开始喋喋不休，请先思考一下：这样做的后果绝不可能让对方屈服，反而会让另一半绝望，并且离你而去。

密码点拨

· 婚姻需要宽容和谅解，吵闹通常不能解决问题。

· 生命不能承受之重，往往来自于婚姻的不幸。

第十章 将心比心，拥有美满的婚姻

如何抛弃喋喋不休的习惯

不要随意指责

直斥男人的缺点，等于伤害他的自尊。如果你不顾及他的面子，随意指责他的行为，那么只可能让他对你越来越反感；因此，即便是指责，也要委婉一些。

> 你怎么那么晚才回来？而且也不打通电话！真是一点儿时间观念都没有！

> （一副不满的表情。）

> 回来晚了啊！以后最好打一个电话哦！不然菜都凉了。

> 好的，主要是太忙，所以忘记了！

切莫小题大做

产生矛盾以后，很多人喜欢小题大做，本来是一件很小的事情，结果却闹得不欢而散。心平气和，就事论事，才是解决问题的办法。

￥#@*&……

让问题越变越大

小题大做

切莫借题发挥

翻旧账，是夫妻在发生争执的时候最容易犯的错误；因为这无疑会将问题扩大化，让矛盾越辩越尖锐。

原来的问题
喝醉酒未归家

借题发挥的后果

◆ 没有责任心
◆ 人品历来都有问题
◆ 从来不懂得关心人
◆ 迟早要抛弃家庭

最后的结局
加深积怨，加深矛盾

注意说话的方式

无论是什么问题，说话的方式至关重要。有时候不同的一句话，导致的结果也完全不同。

◆ 沟通的语气一定要平和。任何人面对暴跳如雷的架势，再好的建议也听不进去。

> 已经跟你说过多少次，不准抽烟！你是不是想让我早点儿守寡啊！

> （无语的样子）

> 口袋里的烟是同事给你的吧？他不知道你在戒烟吗？

> 唉……我都说了他好多次了嘛！（不好意思的表情）

2.不要试图改变对方

或许在恋爱的时候，对方的一切都是美好的，然而当两个人相处久了，就会发现其实对方有很多地方并不完美。很多人在这个时候，就会做出错误的选择——我要将他（她）变成我想要的那种人。因为这个决定而衍生出来的矛盾不胜枚举，很多人常常抱头叹息："唉！为什么不肯为我改变呢？"说到这儿，我们不妨来看看英国政治家迪斯雷利的婚姻吧！

迪斯雷利35岁未婚，最后他向一个比自己大15岁的富有寡妇玛丽·安求婚。这个决定让人大跌眼镜，因为迪斯雷利这样做的目的，在外人看来昭然若揭：他不是为了爱，而是为了寡妇的钱；再说，玛丽·安并不是一个"好女人"，她不但看起来苍老，说起话来也没有水准，常常会犯一些低级的错误，成为人们嘲笑的对象。比如说，她永远弄不清楚，到底是先有希腊，还是先有罗马；另外，她的穿着打扮更是奇怪，没有什么品位，就连屋子里的东西该如何摆设也一窍不通。

由此看来，迪斯雷利和玛丽·安的这段婚姻，注定不会幸福；然而事实却让大家都感到惊讶，他们结婚后一直过得幸福而美满。为什么呢？因为玛丽·安懂得和一个男人生活的艺术。

玛丽·安从来不会因为自己的意见和丈夫相左，就摆出雄辩的架势。当迪斯雷利处理完政务，筋疲力尽地回到家时，玛丽·安会让他有个安静的地方休息。迪斯雷利跟玛丽·安在一起的时间，是他一生中最愉快的时候。玛丽·安是他的贤内助，是他的亲信，甚至是顾问。每天晚上，当他从众议院匆匆赶回家后，会告诉玛丽·安白天的所见所闻；而且最重要的是，他所做一切，玛丽·安从来不认为会失败。这对夫妻相敬如宾地走过数十个寒暑，他们的故事也成了美谈。

其实，他们的幸福非常简单，就是让对方保持自我。迪斯雷利从来不会因为玛丽·安说错话而去指责她，或者是督促她好好看看古代史，免得出洋相；而玛丽·安也没有强求迪斯雷利去做他不愿做的事。贾姆曾说："与人交往应该学会的第一件事，就是不干涉人们原有的快乐方法……"因此，如果你想让自己的家庭美满、和谐，就不要尝试去改变你的伴侣。

密码点拨

· 给对方一些自由的空间，可以让二人的关系收放自如。

· 步步紧逼，结果就是让幸福步步后退。

第十章 将心比心，拥有美满的婚姻

保持婚姻幸福的四个原则

一、尊重对方

通常说来，夫妻俩很难达到绝对理想的关系，发生摩擦在所难免；但即便是发生摩擦，也不能不顾及对方的感受而大肆批评。尊重是相互的，夫妻之间也不例外。

夫妻关系

理想的关系 相敬如宾、举案齐眉

头痛的关系 争吵不休、互相攻击

二、多一点儿自由

"爱情就像沙子，捏得越紧，流失得越多"

不要认为另一半是你的私人物品，必须对你毫无保留。实际上，每个人都有自己的生活习惯和人生态度。在保证婚姻完整的情况下，让对方过自己想要的生活，就是维持关系的最好办法。

三、保留隐私的空间

我要知道你曾经和谁交往过，你昨天回家为什么会迟到10分钟……

◆每个人都有秘密，而有些事情是不可能告诉别人的。有很多人总希望另一半在自己面前完全透明，但这却是控制欲太强的表现。

四、多一点儿宽容

不要老是用完美的眼光去看待自己的另一半，因为这个世界上没有完美的人。如果你能容忍对方的缺点，同时对方也能包容你的缺点，生活还有烦恼可言吗？

爱发脾气
斤斤计较
见识浅薄
絮絮叨叨

在他眼里成了……

非常可爱
懂得持家
有一说一
体贴备至

163

3. 不要随意批评

英国政治家迪斯雷利，有一个强劲的政敌，那就是格莱斯顿。他们两人只要遇到了国家大事，就有可能争执不休，发生冲突；但他们却有一个共同点，就是家庭生活都非常幸福。格莱斯顿夫妇携手走过了59个寒暑，过着美满的生活；我们可以想象，作为英国首相的格莱斯顿，和他妻子手牵手，围坐在地毯上唱歌的情景。

格莱斯顿的作风非常强硬，而且对人的要求异常严格，不过回到家，他从来不会批评任何人。每天早晨下楼吃饭，当他看到家里还有人没有起床时，就会用一种温和的方法叫醒他们——提高嗓子，唱一首歌，告诉那些还睡眼惺忪的家人，他这个全英国最忙碌的人，在等待他们共用早餐；而不是大声嚷嚷："你们这些懒鬼，怎么还不起床？"他在家里从来不会对谁吹胡子瞪眼，因此可以大家融洽相处。

俄国的铁血女皇凯瑟琳，统治一个幅员辽阔的大帝国，掌握生杀予夺的大权。从政治上来说，她无疑是一个残忍的暴君，好大喜功，接连发动战争。只要她开口说一句话，敌人的脑袋就会搬家。很多人可能会想，这样一个女人，在生活中应该也很强势吧？然而事实并非这样，如果厨师把肉烤焦了，凯瑟琳什么话也不会说，而且会面带微笑把肉吃下去，她的度量让人钦佩。

美国研究不幸婚姻的权威学者桃乐赛·狄克斯提出一个观点：50%以上的婚姻都以失败告终，为什么许多甜蜜的美梦，会在婚后纷纷破灭呢？就是因为那毫无用处而且让人心碎的批评。比如妻子在和朋友的交谈中，说话失了分寸，很多丈夫事后就会大发雷霆，觉得妻子丢尽颜面；而很多丈夫只要犯一点儿错，妻子就会唠唠叨叨，不停地怪罪。其实有时候回头一想，很多事情值得去指责吗？如果妻子说话不得体，可以委婉地提醒，为什么非要吹胡子瞪眼呢？如果丈夫在生活细节方面做得不好，也可以循循善诱，为什么要用"絮絮叨叨"，让丈夫厌恶自己呢？所以，如果要保持家庭美满，请牢记一个原则：不要随意批评。

密码点拨

- 一味地指责，只会让你的另一半对你越来越反感。
- 好的建议，如果不小心成了指责，那么就会变得一无是处。
- 不要太在意生活的小细节，因为这些东西会带给你无尽的烦恼。

如何避免争吵

一、把埋怨变成期许

有时候夫妻会因为一点儿小问题而发生口角，但只要将说话的态度和方式转变一下，就有可能会得到完全不同的结果。

错误的方式
丈夫：对不起，我回来晚了。
妻子：怎么回事？你到底到哪里去了？你不知道大家都在等你吃饭吗？

正确的方式
丈夫：对不起，我回来晚了。
妻子：我知道，不过我很担心你，所以希望以后能提前告诉我。

二、先"理"后兵

这里的"理"是表示理解，意思是无论对方有什么过失，首先都要表示理解。

指责
妻子：说多少次了啊！为什么总是记不得把鞋子放在架子上。
丈夫：我就是记不得，怎么样嘛！

理解
妻子：我知道你比较忙，但鞋子最好放在架子上，不然容易弄脏地板。
丈夫：好的，下次我会注意。

三、不要口无遮拦

有时夫妻双方说急了，就会说出一些不理智的话，而这些话恰恰容易给对方造成伤害，让彼此的关系越来越僵。

你一向都是这么没责任心

你胡说！我没责任心，你就有吗？

即便是问题非常难办，也应该心平气和地沟通。这样才有可能解决问题，争吵只会让事情越变越糟糕。

既然事情到了现在这地步，就说说看该怎么办吧！

我也知道你很忙，所以也不是故意要气你。

四、懂得退让

问题出现后，如果双方都意气用事，大吵起来，很容易出现僵局；因此假如对方发脾气了，就应该马上闭嘴，退一步听对方说话。

让对方停止发怒的办法

面对丈夫的勃然大怒，妻子选择了沉默。 → 妻子的表现，会让丈夫怒气顿消。 → 最终两人重新回到心平气和沟通的阶段。

4.给予对方真诚的欣赏

也许你还记得,自己初次和恋人约会时,忍不住夸奖对方的衣着和举止的情形:"啊,你的衣服真是漂亮,一看就觉得很有品位""我总觉得你很独特,举止得体,一般人完全没办法和你相比"。然而,这些所谓的"甜言蜜语",在跨进婚姻殿堂后没多久,就忽然间销声匿迹。

在一个农家,有位女子辛苦了一整天,在快要吃饭的时候,她抱着一大堆草,扔在几个男工面前。男工们很惊讶,她的丈夫开口说:"你是不是疯了?"女子回答:"我怎么知道?我帮你们做了20年的饭,在这么长的时间里,我从来没有听到过一句话,证明你们吃的不是草。"

很显然,这位女子期望得到的,仅仅是一句赞美的话,因为她从不知道自己做菜的手艺在这些男工看来到底怎么样;或许男工们会认为:我们相处那么久,难道她不知道吗?不错,也许她知道,但她需要一句话来获得自信和满足。

知名电影明星埃迪康特在接受访问的时候,对记者说:"普天下的人,我太太对我的帮助最大。当我还是个懵懂少年时,她就是我的青梅竹马,她不停地鼓励我勇往直前,从不放弃。我们结婚后,她省吃俭用,不停地投资,替我积累了一笔财富。现在,我们有五个可爱的孩子……我太太不停地营造一个温馨的家,如果说我获得了一些成就,那么要完全归功于我的太太。"

在离婚率很高的好莱坞,结婚算是件冒险的事,而且很多知名的保险公司都不敢为明星的婚姻作保。当然,这也不能一概而论,巴克斯特夫妇就是令人羡的恩爱夫妻。巴克斯特夫人曾经大红大紫,但她却毅然决然放弃正处于巅峰的事业,选择了婚姻。巴克斯特这样说过:"她虽然失去了无数的称赞和荣誉;可是现在,我时时刻刻都在她的身旁,而她随时都能听到我由衷的赞美。"

由此可见,假如你希望自己的婚姻美满而永恒,那么就不要吝啬说出赞美之词。当你看到妻子的衣着很漂亮时;当你尝到一道可口的菜肴时;当你发现丈夫精神抖擞时,都要把心中的感觉大声说出来。

密码点拨

- 沉默,是婚姻最大的杀手。
- 赞美是维持真爱的有效润滑剂。

你们有"婚姻沉默症"吗？

一、你认为取悦对方是庸俗的

婚姻的头号杀手，也是导致"沉默"的直接原因。

婚姻里，沉默不是"金"
- 听不到赞美，配偶会认为对方不再关心自己。
- 沉默，会让原来的矛盾越积越深，到最后无法收拾。
- 不说赞美的话，会让人误认为"我已经失去了吸引力"。
- 无话可说，会让彼此觉得陌生，产生"同床异梦"的感觉。

解药：让赞美回到初恋时期，想到了就要大声说出来。

二、你做事不愿意和配偶商量

或许你喜欢自己一个人解决问题，但这样只会导致双方的距离越来越远。

这件事我已经办好了，不用你操心。

哦……（心想：她现在做事都不和我商量，是不是越来越讨厌我了呢？

解药：遇事多征求对方的意见。

三、你认为婚姻平淡很正常

虽然说"平平淡淡"才是最真实的，但不意味着无话可说是正常现象。

七年之痒

在乐观者眼里
只要懂得调剂，就能克服婚姻的厌倦期。

平稳度过危险期

在悲观者眼里
正常的，就这样吧！反正结婚久了就会无聊。

可能导致婚姻危机

解药：让心态更积极一些，努力寻求化解平淡的方法。

四、配偶生气时，你总是置之不理

道歉不会变得丢人，有时候"沉默"并不能换来谅解。

当妻子生气时

哎呀！道歉多丢人，算了，过一段时间，她自然会好的。
结果导致"冷战"，让矛盾继续深化；即便时过境迁，矛盾也会一触即发。

还是道歉求得她的原谅吧！事情拖下去不好。
结果即时化解了矛盾，双方坦诚以对，日后不会再为此事而纠缠。

解药：即时道歉，当讲则讲，切莫犹豫。

五、你们从不讨论关于性生活的问题

或许会觉得难以启齿，但沉默会让问题永远得不到解决。

解药：把问题摆到台面上来谈，沟通才能达成一致。

今天真累，赶快休息。

他从来不问我的感受如何……

5.婚姻也要注意细节

我们经常可以看到处在热恋中的年轻男女，是多么的有活力，特别是很多年轻男孩和女孩约会时，总是表现得体贴入微。他们会事先准备好约会时用到的物品，比如擦拭公园椅子的纸巾以及解渴的饮料。这样做的目的其实很简单，他们希望给恋人留下"体贴入微"的印象；然而，在很多婚姻里，当初的"体贴"果真变成了"回忆"。恋人当初的关怀，如今已消失无踪，留下的平淡着实让人感觉无奈。

芝加哥有位法官，名叫塞巴司，他曾经处理过四万件关于婚姻争执的案件，而且成功调解了两千对夫妇的矛盾。他曾这样说过："一件微不足道的小事，都会成为导致婚姻不快的根源……就说一件很简单的事吧！如果妻子在每天早晨对去上班的丈夫说一声'再见'，也许就能避免婚姻触礁的危险。"

在我们看来，说一句再见是那么容易，但我们有时就是不把这些容易做到的细节放在眼里，才导致婚姻的无趣。有一个有趣的现象：女人对生日或是纪念日非常重视，很多人会问："为什么会这样呢？或许这是女人心底的一个谜吧？"然而，很多男人，在纪念日这方面往往会"失忆"，他们通常把应该记住的日子忘得一干二净；即便如此，有几个特殊日子是绝不能忘记的，比如妻子的生日和结婚纪念日，尤其是妻子的生日，千万要牢记！

当然，记住重要日子，只是生活细节的一小部分。如果你想让自己的婚姻美满，那么就要处处留心、时时在意。从古到今，鲜花就是爱情的象征，其实买一束花，花不了多少钱；然而有几个丈夫会常常带一束鲜花回家送给太太呢？或许你会说："这些花那么便宜，要是她喜欢，自己也可以买啊！"自己买花，和别人送花，虽然结果都是得到花，但意义却天差地别。太太会因为你的一束花而高兴一整天；在她心中，你依然是那个体贴入微的丈夫，依然是值得自己深爱的人。为什么一定要等到太太生病住院，才捧着鲜花去探望她呢？为什么你不在今天下班回家时，就买几朵玫瑰花送给她呢？如果你愿意，不妨试一试，看看结果究竟会如何。

密码点拨

- 一个小细节，足以毁掉或是挽救一段婚姻。
- 如果你对配偶的关心始终如一，那么幸福绝不会离你而去。

第十章 将心比心，拥有美满的婚姻

让婚姻回暖的小细节

一、记住每一个纪念日

纪念日那么多，怎么记得住……

- 阳历生日
- 恋爱一周年纪念
- 蜜月旅行纪念
- 结婚纪念日
- 农历生日
- 第一次见面的日子

妙招：好记性不如烂笔头，如果记不住，就写在本子上或者利用手机和电脑设定纪念日提醒，这样就不会忘了。

二、注重仪表

很多女性在结婚以前很注重打扮，然而结婚后却变得不修边幅，这样很容易给对方留下邋遢的印象。仪表的重要性，即便是结了婚也不会改变，你的光彩不但可以表现自信，还会引起配偶的重视呢！

一个女人想挽留即将离去的丈夫。一天，丈夫回家拿东西，女人用心把房子收拾得干干净净，然而丈夫拿到东西后，头也不回地走了。女人很伤心，去找朋友倾诉。朋友说："你既然把房子收拾得一尘不染，为什么不把你自己也装扮一下呢？"

妙招：随时随地都注意自己的形象。

三、感谢的话放在嘴边

结婚以后
- 谢谢你的关心！
- 你烧的菜真好吃！
- 你送的项链真好看！
- 你真体贴！

妙招：心有灵犀不代表一言不发。只要你感觉到温暖，就要说出来让对方知道。

四、爱，也要经常说出口

爱，就是要说！
丈夫：最近你咳嗽，所以我买了一点儿蜂蜜，喝喝看吧！
妻子：谢谢！我爱你！

一句"我爱你"，会让丈夫觉得自己"做对事了"，心里有一种收到回报的喜悦，从而增进夫妻感情。

心知肚明，不用说。
丈夫：最近你咳嗽，所以我买了一点儿蜂蜜，喝喝看吧！
妻子：好的，那我喝一点儿吧！

丈夫的疑惑：什么话都没有说……我还是专门托熟人买的好蜂蜜呢……反应那么冷淡，该不会是不爱我了吧？

169

6.对你的另一半彬彬有礼

丹姆洛奇和勃雷的女儿结婚后（勃雷是美国的一位演说家，曾经是总统候选人），一直过着幸福的生活。他们愉快相处的秘诀是什么呢？

丹姆洛奇夫人曾说："当我们选择另一半时，必须十分谨慎；其次就是结婚后要保持基本的礼节……年轻的妻子，不妨像对待客人一样，彬彬有礼地对待丈夫，因为丈夫们都害怕妻子是个不讲理的泼妇。"

我们回头看现实生活，当我们面对同事和朋友时，或许从来不会带着指示的口气说："去，赶快把这件事给我做好。"或者"你别再说这些陈腔滥调了。"但有时我们却会对另一半发号施令。或许你会说："这很正常啊！夫妻之间搞得和外人一样，多别扭啊！"诚然，夫妻的距离的确比外人近一些；不过，这也绝不能成为"大声呵斥"和"随意指责"的借口。

"相敬如宾"，在很多人看来，仅仅是一个婚姻的乌托邦。他们认为婚姻免不了摩擦，没有争执和矛盾的婚姻是不正常的。没错，没人敢保证自己的想法永远和另一半保持一致，然而就算是出现问题，也应该保持最基本的礼节。

有人在工作时出了错，或者被老板批评了几句，就巴不得赶快回家，把自己的委屈全部发泄到家人身上；这样做是极其愚蠢的，因为粗暴和无礼足以毁掉一段婚姻。

很多成功人士都有一个习惯，无论在外面遇到什么问题，哪怕是公司即将倒闭，也不会把工作情绪带回家里。他们回到家就转回丈夫和父亲的身份，温文儒雅地和家人相处。

每个男人都知道，只要他愿意称赞太太，她就会愿意为自己做任何事，而且不带任何交换条件，她就会尽心尽力把事情做得很好。如果有个丈夫，赞美太太去年做的那套衣服很美，那么她今年就有可能不会再添购一套巴黎流行的衣服；但很多丈夫却宁可和妻子大吵一架后，再花钱为她买新衣服、新车或珠宝，也不愿开口称赞妻子。

你的伴侣真的很难满足吗？其实他们并不想要多少身外之物，有时候仅仅是一句问候的话而已。想让你的婚姻更加美满，就要做到一点——对自己的另一半彬彬有礼。

密码点拨

· 对妻子无礼的丈夫，绝不会得到幸福婚姻的垂青。

· 家庭和睦的前提，是夫妻之间和睦相处。

第十章 将心比心，拥有美满的婚姻

相敬如宾

春秋时代，有个叫邓缺的人在田里干活。中午时分，他的妻子前来送饭，只见她恭恭敬敬地用双手把饭递给邓缺，而邓缺也礼貌地接过碗，相互寒暄以后才吃饭。邓缺吃饭时，妻子便恭敬地站在一旁等他吃完，然后再收拾餐具，告别邓缺回家。

举案齐眉

东汉时期，梁鸿带着妻子孟光到霸陵（今西安市）隐居。白天，梁鸿为有钱人家舂米；晚上每当他疲倦地回到家时，孟光已经为他做好了可口的饭菜。贤慧的孟光非常敬重丈夫，她每次帮梁鸿盛饭，都不敢抬头直视，而是半躬着身子，将装着饭菜的托盘举到眉前，端给梁鸿吃。

夫妻之间的礼仪

互相尊重	互相体谅	共同承担家务
这是夫妻和睦相处的前提，尊重对方，才能做到真正的平等。	包容对方、体谅对方，是夫妻共同的责任。如果不懂得体谅，那么争吵和不合便会永远伴随着你。	做家务不是妻子的"义务"，只有双方都各尽其责，婚姻才谈得上融洽。

7.做一个有魅力的妻子

也许很多女性都会思考一个问题：到底要做什么样的妻子呢？当然你得到的答案很可能是：做一个有魅力的妻子。但魅力怎么定义呢？是漂亮吗？不一定，因为青春不会永驻。是善解人意吗？不完全，因为仅仅是理解对方而无法全力相助，也无济于事。

当我们站在女性的角度思考，如果一个妻子和一个任性的丈夫生活在一起，的确是非常糟糕；但大多数女性不会因为害怕遇到一个这样的男性而放弃结婚的权利。虽然男人和女人有很多不同，但女性去琢磨和学习与男性相处的技巧，并不是什么坏事。什么样的女性，才是男人想与之共度一生的呢？

第二次世界大战即将结束时，所有还在服兵役的男性接受了一个问卷调查，其中有一个问题是："你向往的婚姻生活是怎样的呢？"或许你认为答案会千差万别，但这些军人的回答却极其相似。他们心目中的生活，既不是和拥有曼妙身材的女性白头到老，也不是追求刺激的人生，他们想和自己心爱的人共度平凡而舒服的一生。这个答案可能和我们的想象格格不入。很显然，在男性心中，拥有舒适的生活，远远超过单纯感官的刺激。比起玛丽莲·梦露的外表，他们更需要一个懂得生活的妻子。

什么样的妻子才懂得生活？答案多种多样，但我们不能将"体贴"排除在外。所谓的体贴，不仅仅是做可口的饭菜和嘘寒问暖，最重要的是当丈夫觉得身心疲惫的时候，会有对你倾诉和寻求安慰的欲望。有很多妻子始终不明白一个道理，她们认为自己作为专职主妇，已经是尽了最大的努力，将这个家打理得井井有条，而丈夫却对自己越来越冷淡。其实，她们眼中的家，仅仅是没有生命力的家具，她们没有把丈夫的心也纳入这个家的一部分。

因此，女人如果希望给男人一个舒适的氛围，就必须尽力去了解他。当然，妻子最好还能和丈夫有共同的爱好，因为这是一个促进感情，甚至化解矛盾的最佳途径。如你实在找不出自己和丈夫之间的共同点，那不妨学着去喜欢一样丈夫热爱的运动，在这一过程中，你一定会发现你们的距离越来越近。

密码点拨

- 所谓"平凡才是真切"，恰好说明了人们期望的生活是稳定而舒适的。
- 如果你想了解丈夫，就要和他拥有共同的爱好。

魅力妻子的素养

懂得倾听

男人也需要倾诉，而妻子就是最好的倾听对象。有时候，最了解你的人，就是和你朝夕相处的人。

今天一个客户真是可笑，居然说我态度不好，但我什么话都没有说……

没关系，有时候遇到不讲理的人，就是这样。

和谐的夫妻关系

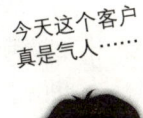

今天这个客户真是气人……

我正有着急的事儿和你说呢：儿子今天在学校又闯祸了。

尴尬的夫妻关系

学会宽容

男人也会无理取闹、也会有无名火，有时候不要太认真计较，退一步，自然会海阔天空。

丈夫发火 → 妻子针锋相对 → 结果：双方都不肯让步，以尴尬收场，甚至导致冷战。

丈夫发火 → 妻子一时忍让 → 结果：事后，丈夫会因为发火而自责，让矛盾顺利化解。

做好自己

女人最可悲的就是感叹青春易逝。如果因为容颜老去而担心丈夫离去，那么说明你没有做好自己。

女人的资本

- 外表：外在条件固然重要，也需要花精力去修饰，但这种资本会随着时间而缩水。
- 内在：气质、修养、内涵……这些资本不但不会随时间而流失，反而会因为你的努力而变得无可替代。

173

8.帮助丈夫制订和实现目标

有一句名言："相爱的意义在于朝同一个方向注视，而非四目相接。"这句精辟的话，恰恰道出夫妻和睦的真谛。或许你的丈夫是一个事业心很强的人，当他雄心万丈地准备有所作为时，妻子应该怎么做呢？是鼓励他，还是当个贤内助呢？

《婚姻指南》的作者塞莫和伊塞克林提出，一桩美满的婚姻不能缺少共同理想。什么是共同理想呢？其实这无关紧要，理想不一定要很远大，它可以是拥有一栋新房子，也可以是一起环球旅行，但关键在于二人要同心协力。他们认为，夫妻对未来充满信心，然后竭尽所能去实现目标，才是最重要的，而且一起描绘美好的蓝图是非常美妙而有趣的；同时，夫妻在实现理想的过程中，还能体会到胜利与失望、成功与失败。

威廉·戈里翰夫妇的成功，就恰好证明这个道理。威廉·戈里翰和玛瑞莉刚结婚不久，就做起了房地产生意，他们是中介的角色，从中抽取佣金。在一个简陋的办公室里，玛瑞莉负责联络，而威廉则四处招揽生意。尽管他们非常卖力，但业务量仍然不够理想，以至于他们每日三餐都要精打细算，生活非常清贫。

后来，业务渐渐增多，夫妇俩也有了一笔小钱，于是他们决定重新从事一个新的行业。经过反复考虑，他们选择了石油，威廉·戈里翰石油公司就这样诞生了。在玛瑞莉的支持下，戈里翰的油料公司业务蒸蒸日上，获得了成功，他虽然还不到50岁，但是却能够从油料生意中赚取高额利润；不仅如此，夫妇俩还拥有让人羡慕的幸福生活：六个健康漂亮的孩子、一个舒适的家，还有不断发展的事业。

玛瑞莉常常根据威廉所接受的教育和爱好来选择目标、制订计划。玛瑞莉说："如果威廉实现了一个目标，那么必须很快地投入到另一个具有挑战性的工作中去，否则生活就会变得乏味。"由此可见，要想家庭更加和谐美满，妻子不仅要做一个贤内助，她还需要和丈夫一起找出生命中最宝贵的东西，然后和丈夫一起实现美好的理想。

> **密码点拨**
>
> ·创造幸福并非是一个人的事，而需要两个人齐心协力。
> ·没有计划的生活，是无绪且绝望的。

第十章 将心比心，拥有美满的婚姻

如何制定和实现目标？

推心置腹

夫妻必须通过交流来了解对方想要什么样的生活。俗话说人各有志，不能以一人的好恶去代替别人的理想。

成功的目标是……

- 数不清的金钱？
- 漂亮的大房子？
- 有能力帮助别人？
- 在政界有所作为？
- 一份好工作？

我想5年以后，可以拥有一个果园，自己种橘子树！

不错啊！我也可以种些我喜欢的花！

统一理想

只有统一两人的共同理想，夫妻才可能朝着同一个目标前进。"同床异梦"的结果很可能导致貌合神离。

共同参与

制订了目标，必须双方共同努力，因为夫妻的感情是在交流的过程中不断深化和巩固的。

齐心协力的模式之一：

执行计划，承担联系业务的工作。

在创造共同理想的过程中升华感情。

负责联络和接待工作，查漏补缺。

9.选择"两个丈夫"中的一个

根据查士德·费尔爵士的研究，每个男性都拥有两个自我，一个是现实生活中的自己，一个是理想中的自己。这听起来有点儿像双重人格，但却非常具有普遍性，比如说，一个男人如果性格比较腼腆，那么他会希望自己更开朗；如果他的人缘不是很好，那么他就希望自己大受欢迎；如果他缺乏信心，那么就会渴望自己拥有无限的勇气。从这一点来看，如果你结了婚，就等于嫁给两个男人。做妻子的该怎么选择呢？答案很简单，那就选择那个理想中的丈夫。

妻子不要过分挑剔、不要拿丈夫和他所认识的人比较、不要加重他的工作负担，而应该时常鼓励和赞赏丈夫，使他充满自信，帮丈夫成为他理想中的样子。

玛乔力·霍姆斯说："当男人听到妻子说'你真了不起''我为你感到骄傲''和你在一起真幸福'之类的赞美，都会无一例外地心花怒放，并高兴得跳起来。"这样的例子不胜枚举。

派柯斯先生是派柯斯货运和装备公司的总裁，他在一封信中写道："一个男人不仅可以变成自己希望的样子，而且还能成为妻子理想的丈夫。我聘雇过很多员工，但我有一个习惯，就是必须得和他们的妻子谈一谈，才决定是否给予他重任。"

派柯斯说这番话并非没有根据，因为他就是一个活生生的例子。他的妻子出身富裕家庭，在结婚之前可以说是衣食无忧，而且受过良好的教育；但派柯斯仅是个一无所有的穷小子，受教育程度也不高。刚结婚的几年里，他们的生活比较艰辛，派柯斯的事业没有什么起色；然而面对无数的失败和挫折，他的妻子从来没有抱怨过，还不断地鼓励派柯斯。每天早上，当派柯斯离开家的时候，妻子总会问："今天有什么事情需要我去处理吗？"而晚上派柯斯回到家，她则会告诉他这一天的情形。派柯斯说："就算她身体不好，依然在想着怎么帮我，所以我发誓永远也不能让她失望。"

鼓励和安慰丈夫，让他成为他理想中的自己，并看到希望，实际上是一个好妻子责无旁贷的事。

密码点拨

- 一句鼓励，可以创造奇迹；一句恶语，可以毁灭一切。
- 让丈夫做他想做的人，就是妻子的最大责任。

哪些话不该说？

❶ 你真是没用！

你真是没用！

刺伤

作用
直接摧毁丈夫的自尊心，即便有天大的怒气，这句话也绝不能说出口。

❷ 你看看别人！

虽然我们每天都在比较，但切莫拿自己的丈夫和他认识的人比较，因为这样不仅会伤他的自尊，而且会让他觉得妻子瞧不起自己。

你看人家老王……

可能会导致的结果
好啊！那你怎么不嫁给老王呢？
我的事情，用不着你管！
我就是没用，怎么样啊？

❸ 不行就不要逞强！

这句话看上去不愠不火，但是却暗藏杀机，因为你实际上是在告诉丈夫："人要有自知之明，做不到的事情就别勉强！"

正确的安慰方法
这次只是出现了意外，我知道你可以的！不如先总结一下原因，肯定会找到解决办法。

❹ 我们从一开始就是错误！

很多妻子在负气的情况下，都会采用这种"绝对否定"的说辞。也许丈夫会认为这是气话，但这无疑会在这份感情上留下一道深深的伤痕。

我们从一开始就是错误！

10.聆听也是一种责任

比尔·钟斯的事业曾经如日中天，他从来没有想过有一天自己会陷入巨大的危机。债台高筑的比尔每天都被债权人逼得心力交瘁，而且他发现自己银行的支票通通都无法兑现。在这一时刻，比尔想到了妻子：假如自己破产的话，妻子可以承受这一切吗？不！她一直都以我为荣，所以事业失败会让她蒙羞，让她感到痛苦。

巨大的压力，逼得比尔走上自己的仓库屋顶，最后纵身跳了下来。从五楼的高度往下跳，照理说几乎没有生还的可能。但奇迹发生了，比尔坠落到一楼时，把遮阳棚撞了个大窟窿，因而再摔在地上时，他全身上下只有大拇指的指甲受了伤。而且救了他一命的遮阳棚，是唯一付清款项的东西。

面对这个奇迹，比尔的心境发生了巨大改变，他觉得既然自己还活着，以前那些烦恼都不值一提，于是他赶回家，将这件事告诉妻子。他的妻子很惊讶，不是因为比尔跳楼，而是因为她从来不知道比尔有这些烦恼。很快地，妻子稳住了情绪，她坐下来和比尔一起思考解决问题的办法。后来，比尔·钟斯不仅还清所有债务，而且事业也重新回到正轨；更重要的是，他还领悟了一个道理：有时候不用一个人面对困难，你的妻子完全可以帮你渡过难关。

很多男人都有一种思想：认为自己是家里的顶梁柱，所有的事情都应该由自己一个人来承担；所以遇到问题，从来不与自己的妻子商议。这样做的确显得"很男人"，然而也说明丈夫并不信任自己的妻子，他们不曾想过：一个完整的家庭，责任是由双方共同承担，而不是由某一方独自承受。从比尔·钟斯的例子，我们得知：无论出现什么样的情况，妻子都可以帮助丈夫一起解决困难。

不过，我们也时常看到另外一种情况。有的丈夫很想对妻子倾诉自己的烦恼，但妻子却并不在意；这样一来，丈夫会认为妻子并不在意自己的烦恼，而且也不会再开口说类似的话题。善于倾听的女性，即便不能帮丈夫出谋划策，也能带给丈夫最大的安慰。

> **密码点拨**
>
> 遇到苦恼需要找人倾诉，男人也不例外。
>
> 有时候，丈夫不是在求助，只是寻求一个安慰自己的人。

如何成为优秀的聆听者

❶ 用心去听

聆听所要用到的器官不只是耳朵，如果不能发自内心感受丈夫的话，那么听得再多也毫无意义。

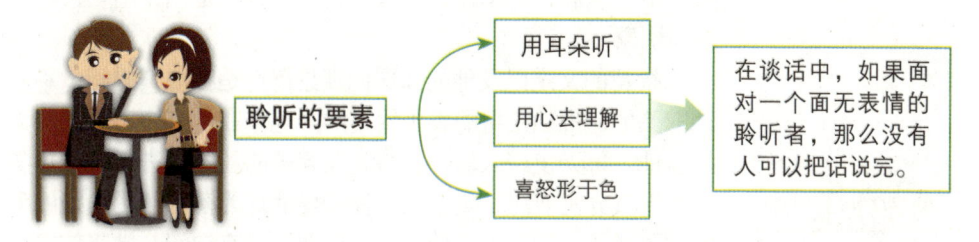

聆听的要素：
- 用耳朵听
- 用心去理解
- 喜怒形于色

在谈话中，如果面对一个面无表情的聆听者，那么没有人可以把话说完。

❷ 善于巧妙地提问

聆听而一言不发，起不到任何作用。但很多人却不知道该说什么，或者提出的问题不合时宜，其实有时候只需要将话说得委婉一点即可。

正面的提问：对于员工和主管之间的矛盾，你有什么看法呢？

委婉的提问：你难道不认为，在一定条件下是可以缓和员工和主管的矛盾吗？

❸ 严格保守秘密

如果丈夫对你说的话过不了多久就会传到邻居和他同事的耳朵里，那么你将会彻底失去丈夫的信任，以后他遇到天大的问题，也不会和你商议。

原则一：不要轻易向外人透露丈夫的秘密。

> 听说你丈夫最近会被提拔为经理，是真的吗？
>
> 有吗？我怎么不知道呢？

● 有的秘密一旦被竞争对手知道，后果会非常严重。

原则二：不要把丈夫遇到的麻烦当成日后反驳他的理由。

> 今天遇到了一点儿事……呃……没什么。
>
> 什么事？

● 如果你将丈夫的错误当成日后反驳他的理由，那么他一定不会把你当成倾诉的对象。

11. 做丈夫忠实的支持者

19世纪末,亨利·福特年轻的时候,在底特律一家电灯公司当技工,每天的工作时间为10小时,而月薪只有11美元。福特下班以后,继续在家里埋头研究,目的是创造出一种新的马车引擎。

福特的父亲以及他的邻居们都觉得他是在浪费时间,不停地取笑他;唯独福特的妻子始终如一地守在他身边,默默地支持着他。每天夜深人静,福特就在妻子的陪同下进行研究。冬天的天气异常寒冷,妻子用手提着煤油灯为福特照明,她的手冻成了紫色,而且不停地发抖;然而她没有抱怨,她坚信自己的丈夫会获得成功。三年过去了,福特终于有机会向大家展示自己的成果。

公元1893年,在福特即将满30岁的时候,他驾驶着一辆马车走上街头。邻居们被奇怪的声音吸引,看到这辆马车居然摇摇晃晃地走着,而且还能拐弯。就是这个发明,对美国工业产生巨大的影响,同时造就了一个"新工业之父"。

50年后,福特在接受采访时,记者问:"如果有来世的话,您有什么愿望呢?"福特回答:"只要能和我的太太一起生活,其他的都不重要。"

每个男人都有可能会遇到挫折、遭遇失败,在这个时候,他们需要一个忠实的人,帮自己渡过难关、重塑自信,而妻子,则是这个角色的不二人选!无论丈夫处在多么艰苦的环境,妻子都要给予大力支持。试想一下,假如连妻子都不信任丈夫,那丈夫还有什么信心重新站起来呢?

法国知名的科幻作家凡尔纳,刚开始创作的时候,屡屡被退稿。尽管他认为自己的作品很不错,而且也得到妻子的肯定,但没有一家出版社愿意帮他出书。凡尔纳异常懊恼,他按捺不住激动的情绪,将稿纸点燃,扔进了垃圾桶。妻子见状,赶忙把火扑灭,重新拾起这些稿子,并给予凡尔纳最大的安慰和鼓励。正因为有了这样一位妻子,凡尔纳的科幻名著才可能流芳百世。

如果一个丈夫身后,站着一位全力支持他的妻子,毫无疑问地,成功对他来说,只是时间的问题而已。

密码点拨

- 强而有力的后盾,可以为成功提供最大的保障。
- 一句鼓励,可以让阴霾的心重见阳光。

第十章 将心比心，拥有美满的婚姻

鼓励的效果图

男人的历程

事业顺利 春风得意 —鼓励→ 事业进一步发展 —一切顺利→ 这是每个家庭都希望得到的结果，然而却并不常见。因为成功路上几乎没有坦途。

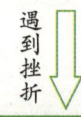

遇到挫折 ↓

男人事业陷入低谷，甚至有失败的危险。

→ 不恰当的言辞 → 唉！看来我也不能指望什么了……这点事都做不好，真是没用！ → 丈夫一蹶不振，丧失信心，甚至会导致婚姻危机。

→ 妻子的鼓励 → 在妻子不断的鼓励下，丈夫不仅重拾自信，而且告诉自己绝不能辜负妻子的期望，因而会更加努力。

在丈夫遇到挫折时，应该说什么？

唉！真是失败……

亲爱的，别在意！没什么大不了的，我相信你一定会成功！

12.如果丈夫的职业很特殊

很多家庭都有一个共性，那就是丈夫的工作时间比较固定：早上出门、晚上回家，还可以和家人共度周末和假日；然而有的职业却办不到，比如出租车司机、铁路工作人员、航海员、飞行员等。他们很有可能无法和家人一起共进晚餐，甚至有时会连续好几天外出。当别的家庭欢聚一堂时，妻子还在为在外奔波的丈夫担忧。如果你的丈夫职业很特殊的话，该怎么办呢？

有很多职业是羡煞旁人的，比如影视明星、演唱家、音乐家和作家。成为这些人的妻子，照理说应该非常幸福；然而，很多知名人士的婚姻之所以没办法维持太久，就是因为他们的太太无法过不太规律的生活，在无法忍受的情况下而劳燕分飞。或许他们在外人眼中无限风光，但作为他们的妻子，必须承受更多的压力。

洛维·汤姆斯是知名的新闻播报员、作家、大学讲师、运动员、冒险家。他头上的光环如此之多，以至于他在外奔波的时间远远大于在家的时间。洛维的太太弗朗西丝·汤姆斯是一个很有才华的女性，同时也是一个非常成功的太太。为什么这样讲呢？因为她为自己的丈夫承受了太多不寻常的事情。

每当洛维外出时，弗朗西丝就经常为他的安全而忧心忡忡。例如，第一次世界大战后德国发生内乱，报社打电话给弗朗西丝，说她的丈夫在报道街头骚乱时遭到致命的袭击；某一次，洛维乘坐的飞机突然失事，一时间杳无音信，而弗朗西丝只能在巴黎边等待消息边祈祷；还有一次，洛维在途经西藏时受了重伤，多亏当地藏民的救助，才在20天以后离开了喜马拉雅山。弗朗西丝在担心受怕中过生活，无法像一般家庭主妇那样享受安逸的生活，不过她没有抱怨、没有选择离开，反而成为丈夫背后坚强的后盾。

假如你的丈夫也从事特殊职业，那么需要注意的是，生活不可能十全十美，你必须勇敢面对现实，并努力接受它，然后在能够维持这个家庭的情况下，快乐地度过每一天。

密码点拨

· 生活不是童话，我们必须有足够的承受力去面对磨难。

· 如果妻子和丈夫齐心协力，就会一起品尝生活的全部滋味。

面对丈夫特殊职业的原则

如果只是短时间，那么就要忍耐。

大多数人都可以在短时间内耐住性子，所以假如持续的时间不长，为什么不选择忍耐呢？

> 唉！我丈夫最近要出差，天哪！一去就是三个月……

> 才三个月？我丈夫出国出差都已经两年了。

如果时间很长，那么最好接受现实。

或许长时间忍耐是一件很困难的事，但只要调整心态、努力接受，那么这便不会成为婚姻的桎梏。

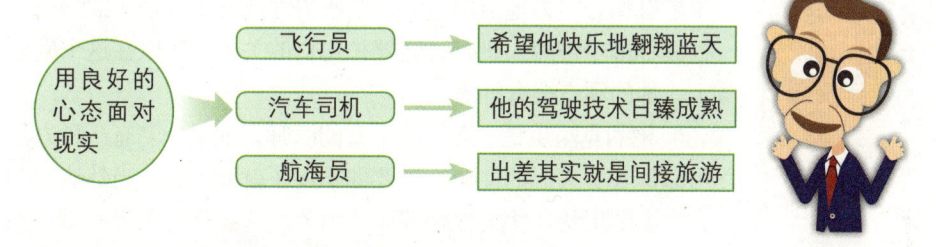

用良好的心态面对现实	飞行员	希望他快乐地翱翔蓝天
	汽车司机	他的驾驶技术日臻成熟
	航海员	出差其实就是间接旅游

坚守婚姻，不轻易放弃

如果丈夫的成功必须通过这份工作而获得，那么接受现状是最好的选择，而不是轻言离开。

无法忍耐选择离开 → 从法律上来讲，是一种遗弃行为 → 从感情上来讲，是一种感情缺陷

乐观面对生活的缺陷

俗话说"家家有本难念的经"，任何工作都不轻松，世界上没有十全十美的生活。如果总是抱怨不公，那么就算得到完美生活，也改不了挑剔的毛病。

> 唉！我丈夫一个月可能就回家一两次，还要为他担心受怕的，这样的日子怎么过啊？

> 生活总有不如意，想想那些终年无法团聚的夫妻吧！你已经很幸福了。

13. 对丈夫的健康负责

根据专家研究，50岁左右死亡的人，男性的人数比女性多70%~80%。这是为什么呢？有人说男性的平均寿命比女性短，所以这是正常现象。然而50岁完全还达不到死亡年龄的平均数，而且性别比例也严重失衡。事实上，只要妻子不停地给丈夫吃高脂肪、高热量的食物，就会在不知不觉中将他葬送在自己手里。

关于这一点，专家们也取得了一致看法，他们认为丈夫提前死亡，和妻子有很大的关系。鲁伊斯·艾·杜波林博士在《人间生活》杂志上发表过一篇文章，名叫《不要谋杀你的丈夫》。文章中指出："我在一家人寿保险公司做统计工作，40年来得到一个结果，那就是很多男性过早死亡。如果他们的妻子能够尽心尽力地照顾他们，这些男性或许可以延年益寿。"杜波林博士曾深入研究过肥胖和死亡的关系，所以在这个问题上，他的观点很有价值。

柏纳克医生是一名经验丰富的医师，他说："有一种办法可以延长丈夫们的性命，只要你掌握了就能办到。当然这需要你打心眼里想让丈夫保持健康，因为那些经常处于半饥饿状态的苦力工人，都比你体重超过标准的丈夫更长寿。"

由此可见，假如丈夫变得虎背熊腰，妻子就有不可推卸的责任。妻子的饭菜做得好不好，与丈夫的腰围是成正比的。这里说的好不好，不仅仅是指可不可口，还包括是否健康。当男性的年纪越来越大，运动量会减少，因此食量也应该相对减少；然而事实却恰恰相反，他们反而吃得更多。

妻子的职责，就在于帮助丈夫养成良好的饮食习惯，要尽量食用热量低、营养价值高的食物。关于如何健康饮食的书籍已经很多了，妻子可以寻找一种适合丈夫的方法，为他的健康创造良好的饮食条件。如果你不知道怎么做，可以去请教医生，因为肯定有一种办法，可以让丈夫在吃饱的前提下，保持良好的身体状态。话说回来，对丈夫的身体负责，其实就是对自己负责。

密码点拨

- 相当多的疾病都是饮食不当所致。
- 肥胖是疾病的温床。
- 在考虑饭菜是否可口之前，还应该想到是否健康。

第十章 将心比心，拥有美满的婚姻

简单可行的饮食计划

少吃油脂多的食物

油脂是导致肥胖的罪魁祸首，虽然油脂多的食物比较可口，但是也要限制摄取量，这样才能让丈夫保持正常体重。

动物油 + 植物油 = 动物油和植物油都属于油脂，摄取量过多，都会导致肥胖。

是不是只要不吃动物油就不会变胖了？

植物油含有的不饱和脂肪酸热量较高，吃多了也会对身体健康不利。

平均分配一日三餐，固定食量

制订一个可行的饮食计划，将每天的用餐时间和食量规定好，只要持之以恒，就能获得成效。

要领
除了正餐，不要轻易摄取高热量的食物，即便要吃宵夜，也要控制食量。

忌讳
不能边看电视、报纸边进食，这样会无形之间增加摄取量。
不能吃太多的冰淇淋和甜食。
吃完饭就睡觉，会导致脂肪囤积。

让早餐更丰富

很多节食的人不爱吃早餐，他们认为少吃一顿就会瘦得更快，但结果不单单是健康受损，而且会导致中午食量增大，适得其反。

不吃早餐，怎么反而胖了？

你因为饥饿，中午吃得更多啊！还有要小心你的肠胃啊！

185

14.做好家庭预算

挥金如土，或许是无数人的梦想之一；然而现实的情况是，大多数人都不具备这样的条件，即便是拥有大笔财富，肆意挥霍也是非常危险的。在很多文学作品中，都出现过那些极具魅力且出手阔绰的角色，最让人印象深刻的，就是狄更斯笔下的马克白，他从来不懂得节约这两个字怎么写，但却大受欢迎。可惜从小说回到现实，我们不得不去思考有限的收入该怎样开销。

如今的物价上涨，开销也相对增加，同样的一笔钱，可能几年前能买一大堆东西，现在却只能买一样。很多人认为，物价提高了，只要收入也相应增加就可以了啊！不错，增加收入是对付通货膨胀的一个好办法；然而经济学家告诉我们，这个普遍存在的观点是错误的。华纳默克和吉姆贝尔百货公司的财务顾问——爱尔西·斯泰普莱敦认为：大部分人的收入增加后，开销也随之增加。

如果开销没有计划，就意味着有更多的人可以分享你的收入，比如菜贩、面包店老板和电器销售商。加拿大的蒙特利尔银行就劝告顾客，要学会精打细算地花钱，尤其是在突然得到一笔大钱的时候，更要如此。

做预算并不是一种降低生活品质的行为，也不是单纯地记录一些数字。预算其实是为消费制定的一张蓝图，可以让你把钱花在正确的地方。如果妻子知道如何让丈夫的收入得到很好的利用，这也是帮助丈夫获得成功的好方法。如果丈夫很会赚钱但不懂节约，那么你应该帮助他学会规划；如果丈夫已经比较节省，那么你可以对此表示赞同，将计划贯彻到底。如果你没有任何家庭理财概念，就应该立即学习规划预算、开支。

实际上，学会理财并不是什么难事，市面上有很多书籍和杂志都值得一看，里面会有如何利用旧衣服、如何制作便宜而好吃的点心和利用家具的方法。透过生活中的一点一滴，你可以积累很多理财常识。无论是什么方法，都需要遵循一个原则：把钱花在刀刃上，绝不为不必要的东西浪费一分钱。

密码点拨

- 很多成功人士的生活都比较节约，因为这是一个有计划的人的基本素养。
- 铺张浪费，有时是通向失败的信号。

第十章 将心比心，拥有美满的婚姻

行之有效的理财方法

记录每一项开支

1. 超市购物花费1523元
2. 汽车加油花费200元
3. 购买保险花费3000元

原来记了账才发现，每个月竟然花那么多钱买酒！

的确是，以后我们可以把这笔钱省下来，用到其他地方。

做一个记账本，把每项开支记录下来，目的是了解开支的结构。如果觉得现在的开销有问题，就可以依据记账本，适当地调整开支。

把收入的10%变成储蓄

储蓄并不是保守的行为，这是一种投资理财的方法，将收入的10%变为储蓄，过不了几年，经济就会慢慢地宽裕。

储蓄的好处

- 有资金投资，积累财富
- 有资本应对失业和生活危机
- 养成有计划开销的好习惯

准备应急资金

财务专家指出：紧急事件可能会发生在每个人身上，如果要应对这类情况，需要三个月的收入。

无计划开销者
遭遇紧急情况、手足无措，由于没有储备资金，因此只能借钱，很有可能形成恶性循环。

有计划开销者
遭遇紧急情况、启动应急资金，顺利渡过难关，不会受债务的困扰。

187

图书在版编目（CIP）数据

卡耐基写给年轻人的成功密码：全新图解版 / 沉零编著；夏易恩绘图 . — 北京：中国华侨出版社 ,2016.11（2023.8 重印）

ISBN 978-7-5113-6490-6

Ⅰ.①卡… Ⅱ.①沉… ②夏… Ⅲ.①成功心理－青年读物 Ⅳ.① B848.4-49

中国版本图书馆 CIP 数据核字 (2016) 第 278587 号

卡耐基写给年轻人的成功密码：全新图解版

编　　著：	沉　零
绘　　图：	夏易恩
责任编辑：	姜　婷
封面设计：	冬　凡
文字编辑：	郝秀花
图文制作：	北京水长流文化
经　　销：	新华书店
开　　本：	710 mm×1000 mm　1/16 开　印张：12　字数：176 千字
印　　刷：	三河市万龙印装有限公司
版　　次：	2017 年 3 月第 1 版
印　　次：	2023 年 8 月第 5 次印刷
书　　号：	ISBN 978-7-5113-6490-6
定　　价：	38.00 元

中国华侨出版社　北京市朝阳区西坝河东里 77 号楼底商 5 号　邮编：100028
发行部：（010）88893001　　　传　　真：（010）62707370
网　　址：www.oveaschin.com　　E-mail：oveaschin@sina.com

如果发现印装质量问题，影响阅读，请与印刷厂联系调换。